4th Industrial Revolution and the Restaurant Industry

4차 산업혁명과 외식산업

다가올 5차 산업혁명의 필요성과 필연성

김진성 · 이병걸 공저

(주)백산출판사

18세기 영국에서 증기기관이라는 새로운 동력이 발명되면서 시작된 산업혁명은 1차, 2차, 3차를 거쳐 현재의 4차에 이르기까지 인류의 역사 발전에 지대한 영향을 끼쳤다고 할 수 있다.

그것은 거대한 생산성의 혁명이었으며 인류 삶의 전 영역을 획기적으로 변화시킨 역사상 유례가 없는 대사건이기도 하였다.

이제 인류는 4차 산업혁명기를 관통하고 있다. 융합과 연결, 축적으로 특징지어지는 4차 산업혁명은 속도와 범위, 깊이 그리고 시스템적인 충격의 압도성(壓到性)으로 이전의 산업혁명기와 구분되는 특성을 갖는다고 한다.

확실히 우리는 우리 삶의 변화의 속도를 실감하고 있으며 그 충격에 전율하고 있기도 하다. 연결과 융합이라는 개념도 어느새 일상화되어 자연스럽게 받아들여지고 있으며 그것이 제공하는 문명사적인 변화를 매일 경험하고 있다.

그러나 4차 산업혁명론은 그 개념의 모호성과 기준 설정의 불철저성으로 인해 실체에 대한 논란 또한 분분하다.

혹자는 4차 산업혁명을 부정하는 반면에 또 다른 연구자는 4차 산업혁명 시대로의 진입을 기정사실화하고 혁명기 생존전략의 절실함을 호소하고 있다.

이 책은 4차 산업혁명 자체를 다룬 책이 아니므로 그 논쟁에 끼어들 여지가 없겠지만 우리가 주목하는 것은 4차 산업혁명 자체가 아니라 그 용어 속에 내포되어 있는 거대한 환경의 변화이다.

많은 논란에도 불구하고 분명한 것은 모든 것이 디지털화되고 연결되는 미증유의 세계로 우리가 진입하고 있다는 것이다.

이것은 구조적이고 근본적인 변화로 인류에게 코페르니쿠스적 사고의 전환을 요구하고 있으며 외식산업 역시 이 패러다임적 전환의 시대에 걸맞은 행동과 사고의 전환을 요구받고 있다.

본서에서는 이런 점에 착안, 외식산업을 4차 산업혁명과 연관지어 외식업 종사자나 연구자들이 생각해 보아야 할 내용들을 정리해 보았다.

4차 산업혁명이 제반 산업에 어떠한 영향을 미치는지를 외식산업을 중심으로 살펴보았고 4차 산업혁명기 환경의 변화에 외식산업이 어떻게 대응해야 하는지를 개념적 또는 전략적 차원에서 살펴보았다.

이를 위하여 우선 그동안의 산업혁명을 개괄하였고 4차 산업혁명과 구분되는 1차, 2차, 3차 산업혁명의 전개과정과 특징을 간추려보았다. 또한 외식산업과 4차 산업혁명이 구체적으로 어떻게 결합하는지 또는 결합해야 하는지를 설명하고자 하였고 각국이 4차 산업혁명기의 국가생존전략을 어떻게 수립하여 진행하고 있는지를 요약하였다.

본서는 관련 내용을 깊이있게 천착한 전문서라기보다는 외식산업의 변화된 환경에의 대응과 관련한 입문서 또는 개론서이다.

보다 깊고 전문화된 연구는 많은 역량있는 연구자들에 의해 추후 계속될 것으로 기대하며 그저 작은 바람은 본서가 외식산업에 종사하거나 외식업을 연구하는 이들에게 4차 산업혁명을 이해하고 그것을 외식산업과 연결하여 사고하는 데 조그만 팁(tip)이 되었으면 하는 것이다.

책의 출판을 위해 도움을 아끼지 않으신 진욱상 대표님과 편집을 위해 불철주야 애써주신 백산출판사 편집부 여러분 그리고 이 책이 세상의 빛을 보게끔 기획 단계부터 노력해 주신 영업부 이경희 부장님께 심심한 감사의 말씀을 드린다.

Contents

Chapter 1 산업혁명과 외식산업

Chapter 2 4차 산업혁명과 외식산업

Chapter 3   4차 산업혁명의 국가별 전략과 외식산업

5차 산업혁명과 미래의 외식산업

마치며

⚙ **학습목표**

Road map

1. 산업혁명 이전의 외식산업에 대해 이해한다.
2. 1,2,3차 각 산업혁명이 초래한 문명/문화사적인 변화를 이해한다.
3. 각 산업혁명을 규정지을 수 있는 핵심 키워드에 대해 이해한다.
4. 1,2,3차 각 산업혁명이 초래한 주요 변화가 외식산업에 미친 영향에 대해 학습한다.
5. 주요국 외식산업의 전개와 현황에 대해 학습한다.

✍ Key word_ 산업혁명의 개념, 1차 산업혁명의 주요 변화, 2차 산업혁명을 통한 주요 변화, 3차 산업혁명
을 통한 주요 변화, 외식산업

산업혁명과 외식산업

1. 산업혁명의 역사와 외식의 변화

1) 산업혁명의 개념

혁명(革命, revolution)이란 급격한 변화를 가리키는 말로 권력이나 조직구조의 갑작스런 변화를 의미한다. 역사적으로 청교도혁명(1642년), 프랑스 대혁명(1789년)과 같은 변화는 사회, 정치 체제의 급격한 변화를 가져왔는데 이런 급격한 변화의 의미로써 산업혁명이란 경제, 사회 전반에 걸쳐 산업군의 변화를 나타내는 말로 사용되고 있다.

인류의 역사를 통틀어 볼 때 인간은 혁신적인 도구의 개발을 통해 향상된 삶을 영위해 왔다. 즉 산업혁명이 이루어질 때마다 과거의 삶보다 사회, 경제, 문화적으로 진보한 삶을 경험할 수 있었다.

| 그림 1-1 | **제임스 와트가 발명한 증기기관은 인간 노동력의 한계를 극복하게 하였다.**

출처: 위키피디아, Encyclopedia Libre

2) 산업혁명과 외식산업

산업혁명은 사회, 경제적인 변화를 줌으로써 외식산업에도 영향을 주어 왔다. 외식의 본질인 식(食)은 인류가 번성하는 한 변하지 않을 것이나 공급자의 생산능력과 품질향상, 소비자의 기호향상은 산업혁명과 아울러 진화하였다.

아주 먼 고대 신석기시대의 혁명은 채집경제에서 농경을 통한 생산경제로의 전환이 이루어졌는데 이 혁명이 가능했던 것은 도구의 개발이었다. 지금도 신석기시대의 유물로는 다양한 농경기구와 토기들이 그 증거로 남아 있다. 이렇듯 모든 산업혁명에는 핵심이 되는 '도구'가 존재했다.

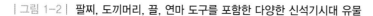

| 그림 1-2 | **팔찌, 도끼머리, 끌, 연마 도구를 포함한 다양한 신석기시대 유물**

출처: rubens.anu.edu.au

신석기시대의 혁명은 재배한 곡식을 가공할 수 있는 도구를 만들게 되었고 식문화에 변화를 가져왔다. 곡식을 탈곡하고 분쇄하였던 흔적이 석기를 통해 나타났으며 원시적인 형태의 조리가 시작되었다.

3) 1차 산업혁명과 외식산업(1760~1830년)

가. 1차 산업혁명을 통한 주요 변화

영국에서 시작해서 전 세계로 확산된 1차 산업혁명의 주요 특징은 기술, 사회경제, 문화에 영향을 주었다. 주요 기술 변화에는 주로 철과 강철 같은 새로운 기본 재료의 사용과 새로운 에너지원의 사용(예: 석탄, 증기기관, 전기, 석유, 그리고 내연기관)이었다. 1차 산업혁명의 주요 특징은 다음과 같다.

- ◈ 방적기술과 동력 직조기와 같은 새로운 기계의 발명 및 공장 시스템
- ◈ 새로운 작업 조직, 노동, 분업의 증가와 기능의 전문화
- ◈ 증기기관차, 증기선, 자동차, 비행기, 전신 및 라디오를 포함한 운송 및 통신 발전
- ◈ 천연자원의 사용량 증가
- ◈ 공산품의 대량생산
- ◈ 정치적 변화와 산업화된 사회의 요구에 상응하는 새로운 국가 정책 등장
- ◈ 노동계급 착취로 인한 노동 운동의 발전, 광범위한 질서의 문화적 변형
- ◈ 도시화 자본주의의 부상
- ◈ 생활수준의 향상

나. 외식산업에 끼친 영향

산업혁명 전에도 세계사에는 외식에 대한 고증들이 곳곳에 존재한다. 레스토랑의 어원은 19세기에 최초로 언급된 후 고유명사화되었으나 그 이전에도 전 세계적으로 상업적인 레스토랑이 존재하였다.

역사적 기록에 의하면 외식의 역사와 흔적은 그림에 나타난 것처럼 상업적 목적의 외식은 인류가 문명을 이루고 집단 거주가 시작되면서 나타난 것으로 보인다. 물물교환이 이루어지기 시작하면서 자연스럽게 음식도 물물교환이 이루어졌다. 고대에서 중세를 거쳐 근대에 이르기까지 음식과 외식문화는 지속적 발전을 이루었다.

진정한 레스토랑 문화의 가장 초기 사례 중 하나는 12세기에 중국에서 그 흔적을 찾아볼 수 있다. 동양의 외식문화는 일찍이 발전하여 왔고 그 원류를 이어 오늘날까지 맥을 잇는 오래되고 유서 깊은 곳이 많이 있다. 오랜 세월 문화의 교류를 통해 음식과 외식에 대한 문화도 교류가 일어났다. 아래는 외식에 대한 역사를 시대별로 요약한 그림이다.

| 그림 1-3 | **외식의 역사**

BC 512 이집트
공공식당에 대한 언급 기록
시리얼, 가금류, 양파 제공

로마 폼페이(AD 79년 붕괴)
패스트푸드점 서모폴리움(themopolium)
와인바 포피나(poppina)

1153년 중국 진나라
현대적 의미의 최초의 레스토랑
마유칭의 양동이치킨(马豫兴桶子鸡)
1864년 후손인 마유 렌(Ma Youren)이 Ma Yuxing Roast Chicken을 설립함

16세기 일본
셰프 센 노 리큐(Sen no Rikyo)
가이세키 전통 만듦

18C
프랑스 대혁명 이후 왕국의 요리사들이 개인 식당을 차리기 시작

고려시대
여관이 식당의 역할을 함

BC 3 인도
아르타샤스트라(Arthaśāstra) 음식판매에 대한 법과 규정 기재

13C 프랑스
식당 메뉴가격을 식당 입구에 명시토록 한 규정

중세~르네상스
여관, 선술집(Turban) 유행

1837 미국
최초의 고급레스토랑 Delmonico's

20C 미국
미국 햄버거체인 화이트캐슬(1921) 화이트타워(1926) 맥도날드(1948)

산업혁명 당시 가난한 사람들 특히 농업지역에서는 가족 소득이 낮았고 대부분 빵, 가끔 고기, 버터, 치즈 조각, 아주 적은 양의 차와 설탕으로 구성된 매우 제한된 식단을 제공받았었다.

산업혁명이 외식산업에서 중요한 이유는 산업혁명이 본격화됨에 따라 더 많은 사람들이 직업을 갖게 되었고 따라서 집에서 식사 준비할 시간이 줄어들어 점심과 저녁에는 집

에 가는 대신 길거리 음식을 사먹거나 식당에서 주문해 먹게 됨으로써 외식산업의 발전에 산업혁명이 큰 영향을 끼쳤기 때문이다. 당시 노동자들은 오전 일찍부터 밤늦게까지 일하느라 집에서 음식을 만들 수 없었고 음식 조리를 위한 오븐이나 스토브 같은 고가의 장비를 갖추기 어려웠기 때문에 외식하는 것이 더 경제적이었던 것으로 알려졌다.[1]

대규모 공장에서 근무하는 사람들은 대규모 생산시설에 고용되어 장시간 노동을 하게 되었고 이들을 위한 단체급식시스템이 등장하여 노동자들이 근무지를 떠나지 않고도 시설 내에서 식사할 수 있는 카페테리아가 등장하였으며 노동자의 숙소, 교육, 당시에는 획기적인 시설인 실내 화장실의 등장 등은 고용주들이 노동자들의 생산성을 극대화시키고 활용하기 위해 개발되었다.

18세기의 농업혁명은 영국에서 산업혁명의 길을 열었다. 새로운 농업기술과 향상된 가축 사육으로 식량 생산이 증가했다. 이것은 인구의 증가를 가져왔고 식품공급이 원활해짐에 따라 영양상태도 좋아지게 되어 건강에도 영향을 미치게 되었다. 그러나 산업혁명으로 인해 환경오염이 증가하고 노동환경은 유해했으며 자본가들은 여성과 어린 아이들을 고용하여 오랜 시간을 힘들게 일하게 했다.

산업화 과정에서 전문화는 식품 생산의 거의 모든 측면에 적용되었다. 단일재배와 기계화로 인한 대량생산이 가능하게 되었고 산업 전반에 있어 농업과 수공예를 기반으로 한 경제를 대규모 산업, 기계화 제조 및 공장 시스템 기반의 경제로 변화시켰다.

대량생산에 의한 식자재의 공급증가는 제품의 규격화, 전문화로 이루어졌으며 가정에서 빵을 굽는 시대에서 구워진 빵을 사는 시대로 바뀌었다. 또한 이동수단의 발전은 식당산업의 발전을 촉진시켰다. 미국에서는 일찍이 개발된 철도와 증기선 덕분에 19세기에 여행이 급속하게 증가하면서 더 많은 사람들이 더 먼 거리를 여행하기 시작했는데 이에 따라 여행자를 위한 숙박과 식사를 제공할 수 있는 식당이 자연스럽게 증가하였다. 아울러 가축과 식품원자재의 대량 이송이 용이해졌으며 식품산업에도 혁신적인 변화를 가져와

---

1 최현미(2019), 길거리 음식의 사회사 : 19세기 런던의 길거리 음식산업과 도시민의 식생활과 보건, 경북대

전문화되었으며 대량생산이 가능해졌다.

서양에서는 현대식 레스토랑의 최초 버전이 프랑스에서 시작되었고 18세기 파리에서는 요리혁명이 시작되었다. 기록에 의하면 최초의 레스토랑은 프랑스 대혁명이 일어나기 전인 1782년 앙투안 B. 보빌리에(Antoine B. Beauvilliers)가 La Grande Taverne de Londres라는 레스토랑을 열어 부유하고 귀족적인 고객을 대상으로 했던 기록이 있다.[2]

이런 변화에 대해 상업적이고 전문화된 레스토랑의 필요성이 증가되었다. 파리 고급 레스토랑의 초기 성공을 기반으로 하여 유럽과 미국에서 새로운 스타일의 식사가 표준이 되었으며 고객은 개인 테이블에서 식사를 하고 일품 메뉴로 식사를 선택하고 식사가 끝날 때 수표를 지불했다.

산업혁명으로 인한 산업의 발전은 부의 축적을 가져왔고 고급스런 미식을 추구하는 수요자를 만들었다. 1828년 미국 보스턴에는 트레몬트 하우스(Tremont House:1829~1895)라는 200석 규모의 프렌치 레스토랑이 개점하여 프렌치 서비스를 선보이게 되었다.

| 그림 1-4 | **트레몬트 하우스(Tremont House:1829~1895)**

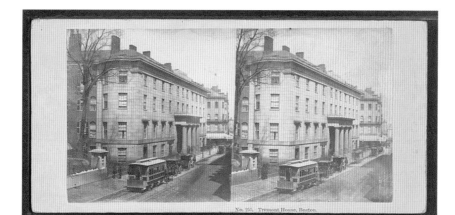

출처: Wikimedia Commons, Soul, John P.

---

2 Thomas Campbell, ed.(1847), New Monthly Magazine, Volume 80, E. W. Allen, p.57.

이 레스토랑은 객실을 완비한 호텔이었으며 실내 배관 및 수돗물을 갖춘 최초의 호텔로서 호텔의 물은 증기 동력 펌프에 의해 지붕에 있는 저장 탱크로 올라갔고, 그곳에서 중력에 의해 수도꼭지로 공급되었다. 호텔 1층에는 8개의 실내 화장실이 제공되었는데 가스시설에 의해 욕조의 물을 온수로 데울 수 있었으며 주방과 세탁실에도 흐르는 물을 공급하는 등 하수처리시설을 갖춘 기술의 혁신이 반영되었다.

아울러 19세기에는 여성이 호텔의 공용 공간에서 혼자 식사하는 것이 사회적으로 용납될 수 없었는데 이 호텔은 최초로 여성 전용 식당을 오픈하였으며 당시 고급 숙박시설의 표준을 설정하게 되었다. 1차 산업혁명 외식산업의 주요 특징은 다음과 같다.

◈ 농업기술발전에 영향을 주어 대량생산이 가능해지고 식품산업이 발전하게 됨
◈ 동력의 원천인 인력이 화석연료에 의한 동력으로 대체되며 생산성이 증가함
◈ 도시의 주요 시설로 노동자의 이동이 증가하게 되며 인구가 급속히 증가하게 됨
◈ 도시에 크고 작은 음식점들이 증가하게 됨
◈ 자원의 남용으로 환경오염이 심해짐
◈ 여행자들을 위한 숙박, 식당 역할을 하는 선술집이 유행함
◈ 식당이 고유기능 외 숙박, 우체국, 잡화점의 역할까지 수행함
◈ 프랑스 대혁명 이후 프랑스의 고급 레스토랑문화가 산업혁명 이후 유럽 각국에 고급 레스토랑을 유행시킴
◈ 기술의 발전은 레스토랑 시설에도 영향을 미침
◈ 미식을 추구하는 사람들이 증가하며 외식의 수준이 향상되기 시작함

◆ 'Restore(복원 또는 회복)'라는 어원에서 시작된 Restaurant(레스토랑)'

"Venite ad me, omnes qui studo labatis, et ego restaurabo vos"

라틴어로 적힌 어느 상점에 붙은 이 말은 이곳의 음식으로 아픈 사람들을 치유(restore)하겠다는 의미로, 판매하는 음식에 대한 효능을 통해 상품을 팔고자 하는 판촉(promote)문구였다.

1765년, 블랑제(Boulanger)라는 이름의 상인이 파리의 뤼데폴리(rue des Poulies)에 있는 최초의 "레스토랑 경영자"가 되었다.

그는 부용(Bouillons)을 다른 음식과 함께 판매하였다. 부용(Bouillons)은 고기로 만든 육수를 의미하며 고기로 구성되지만 조리법에 따라 각종 향신료와 야채가 가미되었던 것으로 기록되어 있다.[3]

| 그림 1-5 | **부용(Bouillons)**

출처: 위키피디아, Hannes Grobe

당시 그의 상점은 주로 빵을 취급하였으며 제빵사는 케이터링 서비스 제공자가 아니므로 스튜와 소스요리를 비롯한 특정 제품을 판매할 수 없었지만 굵은소금에 절인 삶은 가금류와 신선한 달걀을 고객에게 판매할 수 있었다.

그래서 그는 식탁보가 없는 작은 대리석 테이블에 달걀, 굵은소금과 육수를 곁들인 가금류를 선보임으로써 규칙을 우회했다고 전해진다.

그가 자기 상점의 상호에 사용한 상호명은 복음서

에서 가져온 복원자(영어: Restorer, 불어: restaurateur)라는 말을 차용하여 레스토랑이라는 명칭이 시작되었다는 설이 있다.

1855년 정육점을 운영하던 피에르 루이 뒤발은 노동자들에게 고기와 부용(수프/육수)을 판매하였고 1900년에 약 250개의 부용(레스토랑 이름)이 파리에서 생겨났다. 그들은 노동자 계급을 위한 최초의 레스토랑 체인이 되었으며 이에 착안하여 Bouillon Racine[4]이라는 레스토랑이 생겼다. 이 레스토랑은 1906년 라틴 지구(Latin Quarter), 오데옹(Odéon), 생 미셸(Saint Michel) 사이의 샤르티에 형제가 창안해서 만들어졌다.

| 그림 1-6 | **부용(Bouillons)**

출처: Bouillon Racine

| 그림 1-7 | **오늘날의 Bouillon Racine 레스토랑**

출처: Bouillon Racine 홈페이지

---

3 Jean−Robert Pitte, "Birth and Expansion of Restaurants", in Jean−Louis Flandrin and Massimo Montanari, History of food, Fayard
4 부용라신(https://bouillonracine.fr)

4) 2차 산업혁명과 외식산업(1870~1914년)

가. 2차 산업혁명을 통한 주요 변화

기술혁명이라고도 알려진 2차 산업혁명은 19세기 후반부터 20세기 초반까지 급속한 과학적 발전, 표준화, 대량생산 및 산업화의 단계였다.

제조 및 생산 기술의 발전으로 일부 선택된 도시에 집중되었던 전신 및 철도 네트워크, 가스 및 수도 공급 , 하수도 시스템과 같은 기술 시스템의 광범위한 채택이 가능해졌으며 1870년 이후 철도 및 전력과 전화의 도입은 사람과 정보의 이동을 가능하게 했다.

이는 세계화의 새로운 물결을 일으켰으며 제1차 세계대전이 시작될 때까지 이어졌다.

2차 산업혁명은 다음과 같은 특징을 가진다.

| 그림 1-8 | **1895년의 독일철도**

출처: Wikimedia Commons, Deutsche Gesellschaft für Eisenbahngeschicht

◈ 영국 외 독일, 미국의 공업 생산력 향상에 의한 기술혁신

◈ 화학, 전기, 석유 및 철강 분야의 기술혁신: 철도, 증기선, 철강업

◈ 증기동력 인쇄기 발명: 생산비용 절감, 서적 및 정기 간행물 출간 증가

◈ 정밀부품 제조, 증기기관을 이용한 내연기관 실용화

◈ 석유를 사용하는 자동차, 오토바이, 모터보트 및 펌프 개발

◈ 소비재(식료품 및 음료, 의류 등) 제조 기계의 발전, 대량생산을 위한 제조라인 등장

◈ 가공, 운송 수단의 혁신, 영화, 라디오와 축음기 개발

◈ 도시 노동자의 공장 노동자로 전환, 단순노동에서 기술노동으로 전환

◈ 고용의 증가, 화이트칼라 노동자의 증가, 노동조합의 증가

◈ 전기의 활용: 토머스 에디슨, 니콜라 테슬라, 조지 웨스팅하우스; 전기가 의식주 생활방식을 획기적으로 변화시킴. 조리, 의복, 주거 공간의 변화, 야간작업 가능

◈ 시장경제의 성장: 공장의 자동화, 컨베이어시스템, 일자리 급증, 기능공 수요 증가

♦ 바퀴혁명

| 그림 1-9 | 1910 포드사의(Ford) 모델T(Model T)

출처: Wikimedia Commons

바퀴는 공간의 한계를 극복하게 만드는 발명이며 전기는 낮과 밤의 경계를 극복하게 해준 생활의 바퀴와 같다.

1차 산업혁명에서 마차 바퀴가 증기기관 바퀴로 바뀌었고 2차 산업혁명은 전기에너지를 통한 생활환경과 작업환경의 생산방식을 혁신적으로 개선하였다.
1896년 헨리 포드(Henry Ford)는 첫 번째 자동차를 제작했으며 1903년 Ford Motor Company를 설립했다.
Ford Motor는 작업 순서에 체계적으로 배치된 공작기계와 특수목적기계를 모든 작업과 도구를 필요로 하는 곳에 배치하고 조립라인을 형성하는 컨베이어에 배치하여 불필요한 인간의 모든 움직임을 제거하여 대량생산과 생산비용 절감으로 자동차의 생산비용을 낮출 수 있었다.
생산방식의 절감으로 Model T의 가격은 1910년 780달러에서 1916년 360달러로 하락했으며, 1924년에는 2백만 대의 T-Ford가 생산되어 각 290달러에 판매되었다.

나. 외식산업에 끼친 영향

농업 및 식품 가공기술의 발전은 식량 공급과 영양섭취를 개선하였다. 천연 비료에서 상업적으로 생산된 화학 비료를 사용하게 되었으며 농부들은 화학산업에서 생산된 질산염, 칼륨 및 인산염을 사용하는 법을 배웠다. 농업과 산업기술의 발전은 다방면으로 식량 공급에 영향을 미쳤고 강철로 만든 기계와 기구, 배수 및 관개 파이프, 증기기관은 천천히 그러나 확실히 생산성을 향상시키고 식품 및 원료공급을 확대했다.[5]

영양 결핍과 오염된 식품의 무의식적인 소비로 인해 초래된 인간의 고통은 오랜 시간 해결해야 할 문제였다. 식량이 대량생산되기 시작하며 인구가 증가하자 이를 공급하기 위한 식료품의 보존문제가 대두되었다.

(1) 병조림을 통한 보존식의 발명, 아퍼타이제이션(appertization)

1809년 프랑스의 니콜라스 아페르트(Nicolas Appert)는 병조림을 개발했다. 제과업자이자 조리사로 근무했던 아페르트는 음식을 안전하고 오래 보관하기 위한 방법으로 당시 주부들의 음식 보존방법에서 착안하여 음식을 유리병에 넣고 코르크 마개와 밀랍으로 밀봉한 다음 끓는 물에 넣은 병조림을 만들어내었다.

음식을 보존하려는 필요성은 일찍이 나폴레옹이 전쟁에서 식량을 공급하기 위한 수단으로 개발을 촉구한 바 있었으나 번번이 실패에 이르렀다. 당시 전쟁을 위한 식량의 보급은 전쟁의 승리에 큰 관건이었다. 그러나 아페르트의 병조림은 이전에 의존했던 건조 및 소금에 절인 식품보다 훨씬 우수한 제품으로 특히 해군에서 널리 평가되었으나 상용화에는 실패하

| 그림 1-10 | **아페르트의 병조림**

출처: Wikimedia Commons,
Jean-Paul Barbier

5 Joel Mokyr(1988), The Second Industrial Revolution, 1870-1914, Northwestern University

였다. 병의 특성상 이동 중 파손되기 쉽고 과도하게 음식이 조리되어 맛이 좋지 않았다.[6]

(2) 통조림의 개발과 식품산업

1810년, 프랑스 출신인 영국의 발명가이자 상인인 피터 듀런드(Peter Durand)는 깡통으로 통조림 식품 만드는 방법을 개발하였다. 상업적인 통조림의 개발은 특허권을 구매한 브라이언 돈킨(Bryan Donkin)과 존 홀(John Hall)이 공장시설을 설립하고 대량생산한 것이 시초가 되었다. 1820년까지 통조림 식품은 영국과 프랑스에서, 그리고 1822년에는 미국에서 상용화되어 식품으로써 입지를 굳건히 했다.

1865년 저온살균법인 파스퇴르제이션(Pasteurization)이 루이 파스퇴르(Louis Pasteur)에 의해 개발되며 통조림의 보존성을 늘리고 효과적으로 열처리할 수 있는 방법을 찾아내어 적용되었다. 통조림 식품은 미국 남북전쟁(1861~1865)에서 군대가 식량을 비축하는 데 중요한 역할을 했다.

(3) 냉장고의 발명과 외식산업

19세기 후반에서 20세기 초반까지는 냉장이 필요 없는 주식(설탕, 쌀, 콩)을 제외하고는 계절과 지역에 따라 이동에 한계가 있었다. 냉장시설은 이러한 한계를 극복하게 하였다. 제철이 아니거나 먼 지역에서 자란 과일과 채소를 비교적 저렴한 가격에 구할 수 있게 되었으며 냉장고는 전체 슈퍼마켓의 일부로 육류 및 유제품의 엄청난 판매증가가 이어졌다. 아울러 레스토랑에서는 식재료를 보다 다양하게 구비할 수 있었으며 다양한 요리들을 만들 수 있게 되었다.

기계식 냉장은 1834년(영국에서 얼음 제조에 대한 첫 번째 특허가 발행되었을 때)과 1861년(호주 시드니에 최초의 냉동 쇠고기 공장이 설립되었을 때)에 기술적 혁신을 이루며 점차적으로 개발 및 개선되어 오늘날에 이르렀다.

---

6 REBECA GARCIA AND JEAN ADRIAN(2009), Nicolas Appert : Inventor and Manufacturer, Food Reviews International, 25 : 115 – 125, 2009

(4) 침대차에 추가된 고급식당

철도시설과 증기기관차의 발전으로 기차 이용이 증가하자 1868년 조지 풀만(George Pullman)은 시카고에서 침대차와 다이닝(dining)서비스를 제공하는 식당차를 만들었다. 이것은 기본적으로 부유한 여행자를 위한 이동식 레스토랑이었으며, 지역 농산물과 훈련된 요리사 및 서비스 직원에 의해 끊임없이 변화하는 메뉴를 제공하였다.

| 그림 1-11 | **조지 풀만(George Pullman)이 개발한 침대차**

출처: Wikimedia Commons, The Pullman Company

| 그림 1-12 | 스위스 St. Gallen과 Geneva 왕복열차의 식당차

출처: Wikimedia Commons, SBB – Double-deck cafe

(5) 길거리 음식점의 등장

일본은 2차 산업혁명 기간 메이지유신(1868~1912)을 통해 문호를 개방하였다. 도시에는 빠르고 간단하게 식사할 수 있는 이동식 음식점이 유행하기 시작했는데 대표적인 것이 야타이(屋台)이다.

야타이는 작은 포장마차를 말하며 일반적으로 라면이나 길거리 음식을 파는 작은 스탠드이다. 이는 에도시대 이전에도 언급된 바 있으며 메이지 유신기에 대중화되어 널리 보급되었다. 메밀소바를 판매하는 야타이는 이미 1600년 전에 존재하였으며 일본 경제가 호황을 누림에 따라 많은 야타이가 상점으로 변모하였다.

오늘날 일본의 각지에서 야타이의 수는 감소하고 있으며 후쿠오카에서는 1994년 법률에 의해 야타이는 직계 후손에게 물려야 영업을 지속할 수 있거나 폐업해야 한다는 법안을 발효하였으나 최근 2019년 기준으로 14개의 새로운 라이선스를 발표하여 야타이를 보존하고 있다.

| 그림 1-13 | 야타이(屋台) 이미지

출처: 위키피디아

1872년 로드아일랜드의 기업가인 월터 스콧(Walter Scott)은 늦은 밤 사람들에게 샌드위치, 커피, 파이, 달걀을 제공하는 말이 끄는 왜건(wagon: 마차)에서 음식을 팔기 시작했다. 1800년대 후반 산업혁명은 미국으로 이주할 여력이 있는 이민자를 위해 동부 아메리카 전역에 일자리를 창출하였으나 길고 지루하고 비인간적인 열악한 노동조건이 따랐다.

많은 노동자들이 밤늦게까지 일을 하고 일을 마칠 무렵에는 먹을 것을 살 수 있는 식당과 술집이 없었다. 이동식 음식점은 오늘날의 푸드 트럭처럼 음식이 필요한 곳으로 이동하여 쉽게 음식을 판매할 수 있었고 돈을 벌 수 있었다.[7]

---

7 Richard JS Gutman, American Diner Then and Now(뉴욕: HarperCollins Publishers, 1993), p.14.

월터 스콧(Walter Scott)은 런치 왜건에서 직접 만든 음식만을 제공함으로써 런치 왜건 음식의 원조 격이 되었을 뿐만 아니라 맛있는 수제 음식을 제공하는 시초가 되었다.

월터 스콧(Walter Scott)은 자신도 모르는 사이에 미국 식당문화의 뼈대인 수제 음식에 뛰어들었고 이로 인해 다른 사업가들이 도시락 마차나 아침식사를 판매하기 위한 이동식 음식점을 운영하기 시작했다.

| 그림 1-14 | **월터 스콧에 의해 유행된 왜건의 상업광고**

출처: scalar

| 그림 1-15 | 런치 왜건

| 그림 1-16 | Worcester Lunch Car Company(1906~1957년)에서 개발한 런치카

(6) 다국적 음식점의 등장

1차 산업혁명기간 중국 청 왕조가 끝난 후 황실에서 근무하던 조리사가 황실을 나와 레스토랑을 열기 시작했다. 레스토랑에서 사람들은 이전에 황제가 궁정에서 먹던 접근할 수 없었던 많은 음식을 경험할 수 있었고 중국에서 당시 요리에 정통한 많은 요리사와 개인이 홍콩, 대만, 미국으로 떠났다. 중국인들은 차이나타운이라는 커뮤니티를 형성하며 정착하였고 외식문화에 큰 영향을 주었다.

| 그림 1-17 | **1890년대 중국 정육점 및 식육점. 미국에 진출한 중국인들은 커뮤니티를 형성하고 사업적 수완을 발휘하기 시작하였으며 중국의 식자재와 음식문화가 대중에게 알려지기 시작했다.**

출처: Making San Francisco American: Cultural Frontiers in Urban West. 1846-1906

당시 중국식당은 사람들에게 낯선 문화였다. 테이블 한가운데 음식이 서빙되고 젓가락을 사용하여 음식을 먹어야 하는 방식은 서양인들에게는 무척 낯선 방식이었으며 중국음식에서 사용되는 식자재와 향신료는 당시로써는 매우 파격적이었다. 중식 레스토랑은 저렴한 가격의 음식점부터 고급요리를 판매하는 음식점까지 다양하게 알려지기 시작했다.

다양한 이민자들이 미국에 정착하며 미국 음식은 중국, 이탈리아, 그리스 및 기타 이민자들이 주류 고객을 위해 음식을 제공하고 조정하면서 빠르게 다양화되기 시작했다.

| 그림 1-18 | **차이나타운의 고급 레스토랑**

출처: IW .Taber, University of California, Berkeley

(7) 철도식당의 등장

1876년 영국 이민자 프레드 하베이(Fred Harvey)가 최초로 기차역에 식당을 열었다. 그 시대의 미국 철도 여행자들은 과밀하고 조잡한 객차의 단단한 판자 좌석에 앉아 서쪽으로 매우 느리게 움직이는 기차를 타고 시카고를 통과했다.

대부분의 철도음식이 형편없고 심지어 먹을 수 없는 시대에 프레드 하베이는 편안한 식당에서 식욕을 돋우는 저렴한 식사를 제공했다. 그는 1876년 캔자스주 토피카에 첫 번째 철도 식당을 열었으며. 이곳에서 좋은 음식, 흠잡을 데 없는 식당, 정중한 서비스로 사업을 번창시켰다. 심지어 이 식당에는 서비스를 전담하는 여직원을 고용하여 전문교육을 받게 하고 승객들에게 서비스를 제공하여 유명해지게 되었다.

프레드 하베이는 미국 서부의 철도와 함께 레스토랑, 호텔 및 기타 환대산업 비즈니스로 이루어진 Fred Harvey Company를 세웠다.

(8) 카페테리아의 탄생

1893년 존 크루거(John Kruger)는 시카고에서 열린 세계 컬럼비아박람회에서 셀프서비스 레스토랑을 열었다. 스모가스보드(Smörgåsbord)[8]라고 불리는 스웨덴식 식사 스타일에서 영감을 받았으며, 스페인어로 '커피숍'이라는 의미의 카페테리아라고 명명했다.

박람회는 6개월 동안 2,700만 명이 넘는 방문객(당시 미국 인구의 절반)을 유치했으며 사람들이 처음으로 셀프 서비스 식사 형식을 경험한 것은 크루거의 운영 덕분이었다.

| 그림 1-19 | **음식을 서브하는 하베이 걸스**

출처: 위키피디아. Atchison, Topeka, Santa Fe Railway Company

---

8 Smörgåsbord(스웨덴어: ˈsmœrɡɔsˌbuːɖ): 스웨덴에서 유래한 일종의 스웨덴식 식사로 뷔페 스타일이며 다양한 음식으로 구성된 여러 가지 따뜻한 요리와 차가운 요리를 테이블에 제공한다. Smörgåsbord는 1939년 뉴욕 세계박람회에서 스웨덴관 "Three Crowns Restaurant"에서 선보였을 때 국제적으로 알려지게 되었음

출처: Avery Architectural & Fine Arts Library, Drawings & Archives Columbia University

카페테리아는 후에 서비스 방식과 장비 및 서비스 도구의 개선을 통해 더욱더 편리한 레스토랑으로 발전하였다. 예를 들어 처음에 카페테리어가 생겼을 때 음식 접시를 테이블로 오가며 가지고 왔다갔다 하는 것은 상당히 불편한 일이었다. 사무엘(Samuel)과 윌리암 차일드(William Childs)는 1898년 뉴욕에서 셀프 서비스 카페테리아에 트레이를 도입하여 고객이 음식을 더 간단하고 편리하게 운반할 수 있도록 했다.

5) 3차 산업혁명과 외식산업

가. 3차 산업혁명을 통한 주요 변화

2차 산업혁명은 1차 세계대전(1914)이 발발하여 성격을 조금 달리하게 되었다. 1차 세계대전 이후 2차 세계대전이 끝나기까지(1945) 전 세계는 군수물자를 생산하는 데 산업혁명의 기술들을 사용했고 전쟁무기의 개발은 3차 산업혁명에 큰 영향을 주었다.

컴퓨터의 발명을 촉진시킨 것은 2차 세계대전 당시 암호해독기로부터 급속도로 진전되었다고 해도 과언이 아니다. 앨런 튜링(Alan Mathison Turing: 1912~1954)은 2차 세계대전 동안 독일 해군이 사용한 에니그마(Enigma)[9]의 암호해독을 통해 전쟁의 승리에 기여하였다.

♦ **현대 컴퓨터 기술 원리의 창시자 앨런 튜링(Alan Turing)**

| 그림 1-21 | **앨런 튜링(Alan Turing)**

현대 컴퓨터의 원리는 앨런 튜링(Alan Turing)이 1936년 그의 논문 On Computable Numbers에서 제안되었다. Turing은 "Universal Computing machine"이라고 부르는 간단한 장치를 제안했으며 현재는 Universal Turing machine으로 알려져 있다.

그는 기계가 테이프에 저장된 명령(프로그램)을 실행하여 계산 가능한 모든 것을 계산할 수 있음을 증명하여 기계를 프로그래밍할 수 있음을 증명했다. Turing 설계의 기본 개념은 모든 컴퓨팅 명령이 메모리에 저장되는 저장 프로그램이다. 튜링 기계는 오늘날까지 계산 이론의 중심 연구 대상이다.

원문 및 이미지 출처: 위키피디아/컴퓨터

아이러니하게도 2차 세계대전에는 산업혁명에서 축적된 기술과 발명품들이 총동원되었으며 전쟁 목적하에 많은 무기가 개발되었고 기술이 향상되었다. 2차 산업혁명으로 어느 때보다 화석연료를 많이 사용하게 되었고, 환경문제와 천연자원의 소진에 대해 우려하기 시작했으며 전기의 사용과 전신기술의 급격한 발달은 3차 산업혁명을 촉진시켰다.

20세기 중후반 컴퓨터의 발명으로부터 시작된 3차 산업혁명은 통신기술과 컴퓨터를 결

---

9 고대 그리스어로 '수수께끼'를 뜻하는 암호형식

합, 인터넷을 만들어냄으로써 전 세계적으로 시공을 초월한 커뮤니케이션 시대를 열게 하였다. 인터넷과 각종 IT 기기(PC, 스마트폰)를 활용한 디지털화된 정보 공유방식의 획기적 변화는 기존에 인쇄물의 형태로 유통되던 지식과 정보를 시간과 공간에 구애받지 않고 전 세계적으로 넘나들며 무한대로 확산하게 하였다.

오늘날 전 세계를 연결하는 인터넷은 정보를 실시간으로 공유하며 상호작용이 가능하도록 했다. 2022년 발생한 우크라이나-러시아 전쟁에 대한 상황을 자세하게 알 수 있었던 이유는 정보를 통신하는 기술의 고도화 덕분이다.

소위 '지식의 폭발'이 이루어진 시기였으며 초연결사회(hyper-connectivity)의 단초가 만들어진 시기로 산업화 사회 대신 지식기반 정보화 사회 또는 디지털 사회(숫자화된 데이터, 정보, 지식을 활용하는 사회)라는 표현이 등장하고 정착했던 시기였다.

디지털, IT(Information Technology), 반도체, 인터넷, 모바일 등이 3차 산업혁명기의 키워드로 2차 산업혁명의 핵심 동력이 석유 또는 전기라면 3차 산업혁명기의 핵심동력은 재생에너지로 꼽힌다.[10] 3차 산업혁명의 특징은 다음과 같다.

◈ 컴퓨터(1946, 최초의 컴퓨터 에니악), 인공위성(1957), 인터넷(1969)의 발명
◈ 일반 가정용 데스크톱 컴퓨터(1977)
◈ 월드 와이드 웹(1990)
◈ 태블릿 PC(1980), 스마트폰(1990)
◈ 휴대용 인터넷 기기와 SNS(소셜미디어)의 보급
◈ 정보통신기술이 본격적으로 발달하기 시작하며 일상생활의 디지털화를 촉발
◈ 소규모 벤처기업이 새로운 혁신 주체로 부상
◈ 3차 산업인 서비스 산업의 성장

---

10 Jeremy Rifkin(2011), The Third Industrial Revolution: How Lateral Power is Transforming Energy, the Economy, and the World, Palgrave Macmillan. 세계에너지기구(IEA)는 2025년 세계 재생에너지 발전량이 전체 에너지 발전량의 33%에 이를 것으로 전망했다. 2020년 세계 재생에너지 발전량 비중은 27%에 달한다.(한전경영연구원 보도자료)

◈ 사람과 자본, 상품, 서비스, 노동이 장벽 없이 유통되는 시대가 열림

◈ 앨빈 토플러는 농업혁명, 산업혁명에 이은 제3의 물결이라고 부름

◈ 정보와 지식은 사회적, 경제적 가치를 가지는 중요한 자원이 됨

◈ 육체적 노동의 양보다 정신적 노동의 질을 중요시하게 만듦

표 1-1 산업혁명의 구분과 특징

	1차 산업혁명	2차 산업혁명	3차 산업혁명
전환	농경사회 – 산업화사회, 기계화	산업화사회, 대량생산	산업화사회 – 정보화 사회
동력	증기, 석탄	석유, 전기	재생에너지, 반도체
시기	18세기 말	19세기 말~20세기 초	20세기 말
키워드	증기기관, 석탄, 방적	전기, 석유, 자동차, 비행기, 영화, 모터, 전화	디지털, 인터넷, PC, 스마트폰

♦ 산업혁명의 본질

산업혁명의 본질은 생산성의 혁명이며 기술혁명이다. 산업혁명으로 인한 생산성의 비약적인 발전은 비록 많은 부작용을 야기했지만 과거 인류가 경험하지 못했던 풍요로움을 안겨주었고 최초의 산업혁명은 중세 봉건사회에서 근대 자본주의로의 전환의 단초가 되었다. 단지 경제적 측면뿐 아니라 정치, 사회, 문화 등 각 방면에 거대한 변혁을 초래한 인류 역사상 가장 중요한 사건 중 하나로 꼽히고 있다.

나. 3차 산업혁명과 외식산업

3차 산업혁명과 외식산업은 2차 산업혁명 이후 발전한 외식의 변화와 역사적 사건들의 연관성으로 관찰된다. 그러나 전 세계 외식산업의 역사에 대해서는 그 범위가 넓고 역사와 문화가 상이하여 모든 국가와 산업혁명을 비교해서 살펴보기는 쉽지 않다.

이 장에서는 우리나라의 외식산업에 영향을 미친 미국, 중국, 일본의 외식문화와 비교

하여 2차 산업혁명 이후 3차 산업혁명으로 진입하며 발전한 외식산업의 역사를 살펴보도록 하겠다.

(1) 미국

미국은 우리나라 외식산업에 많은 영향을 미친 국가 중 하나이다. 미국의 외식산업은 유럽에 비해 역사와 전통이 짧다. 그러나 미국은 역사적으로 혁명과 금주법, 세계대전, 대공황을 경험하며 맥도날드와 같은 프랜차이즈 시스템을 만들어 외식을 산업화할 수 있는 시스템과 도구들을 개발하였고 외식시스템의 기초가 되었다.

19세기 말까지 고급 레스토랑은 부유한 유럽 귀족과 미국 상류층 풍경의 일부가 되었다. 이때는 외식을 예술의 경지까지 끌어올렸다. 20세기를 거치면서 레스토랑은 두 차례의 세계대전과 대공황을 거치면서 계속 진화했고 1950년대는 패스트푸드의 급속한 성장이 일어났다. 1960년대는 캐주얼한 패밀리다이닝과 체인 레스토랑이 시작되면서 2000년대까지 패밀리레스토랑의 붐이 일어나게 되었다.

| 그림 1-22 | **미국 외식산업의 역사**

18세기 말~19세기	20세기 초(1910~)	20세기 중(1940~)	20세기 말(1980~)	20세기 말(1990~)
• 여행자들을 위한 숙박, 식당 역할을 하는 선술집 유행 • 사회적 중심지, 우체국 역할 • 철도와 증기선 발달 • 여행이 급속하게 성장 • 파리 고급 레스토랑의 초기 성공을 기반 1828년 보스턴에 Tremont House가 200석 규모의 식당에서 "프렌치 서비스"를 시작	• 과학기술의 발전 • 청결과 위생 강조 • 이민자 증가 • 다국적 음식 도입 • 인건비 증가로 셀프 서비스 시스템 발전 • 올 화이트 인테리어의 햄버거 체인인 화이트 캐슬(White Castle)과 화이트 타워(White Tower) 탄생	• 주방 시스템의 생산성과 효율성 증가 • 맥도날드의 프랜차이즈화 • 민족적 테마를 가진 많은 프랜차이즈 레스토랑 등장 • Taco Bell, KFC, Pizza Hut	• 패밀리 캐주얼 다이닝의 부상 • 맞벌이, 외식인구 증가 • 증산층을 수용할 수 있는 적당한 가격과 식사, 어린이메뉴 제공하는 식당 증가 • 올리브 가든(Olive Garden), 애플비(Applebee's), TGIF	• 비만, 전염병 • 식당메뉴 개혁 요구 • 음식의 원산지, 출처에 대한 관심(농장에서 식탁까지) • 로컬푸드, 유기농 식품 유행

⚙ 과학 및 기술의 발전과 레스토랑의 발전

20세기 초 과학기술의 발전은 외식산업에 직접적인 영향을 미쳤다. 세균이 발견되고 건강과 위생이 연결되면서 청결이 더욱 강조되었고 두 개의 인기 있는 햄버거 체인인 화이트 캐슬(White Castle)과 화이트 타워(White Tower)가 탄생했다. 올 화이트 인테리어는 음식이 안전하고 현대적이며 살균된 환경에서 준비되었음을 알려 고객을 안심시키기 위한 것이었다.

| 그림 1-23 | 화이트 캐슬과 화이트 타워

화이트 캐슬(White Castle)은 미국의 패스트푸드 체인, 미국 중서부와 뉴욕 대도시 지역에서 햄버거 식당을 전개하고 있다. 1921년에 창업하였으며 일반적으로 알려진 햄버거는 만들지 않는다. 사각형으로 만드는 작은 사이즈의 슬라이더라고 불리는 햄버거를 주로 만들고 있다.

화이트 타워 햄버거(White Tower Hamburgers)는 1926년 위스콘신주 밀워키에서 설립된 패스트푸드 레스토랑 체인이다. 비슷한 흰색 요새 같은 건물과 메뉴로 1921년에 설립된 화이트 캐슬 체인의 모방 브랜드로 간주된다.

출처: 위키피디아

⚙ 프랜차이즈 레스토랑의 부상

20세기 외식산업의 가장 큰 변화는 맥도날드로 대표된다. 원래 일리노이 출신의 두 형제가 소유한 핫도그 가판대를 1948년에 햄버거로 바꾸며 헨리 포드(Henry Ford)의 조립라인 개념에서 힌트를 얻은 맥도날드 형제는 조립을 위해 저숙련 노동자를 고용하여 가능한 가장 빠르고 저렴한 음식을 제공하기 시작했다. 그러나 형제들은 음식을 효율적이고 저렴하게 제공하는 데는 성공했지만 프랜차이즈에는 그다지 능숙하지 못했다.

레이 크록(Ray Kroc)이라는 레스토랑 장비 판매원은 1954년에 맥도날드 개념의 가능성을 보고 브랜드를 사들이게 되었고 프랜차이즈에 대한 그의 공식은 패스트푸드 체인의 선례를 세웠으며 미국 식당의 풍경을 변화시켰다.

1950년대와 1960년대를 타코벨(Taco Bell), KFC(Kentucky Fried Chicken), 피자헛(Pizza Hut)과 같은 민족적 테마를 가진 많은 프랜차이즈 레스토랑이 등장하기 시작했다. 실제로 피자는 1950년대 미국을 점령했으며 오늘날에는 사과 파이처럼 미국의 전통음식으로 간주된다. 피자헛은 최초로 피자 조립라인을 완성하여 이를 상용화했다.

| 그림 1-24 | **맥도날드의 로고**

출처: 맥도날드

♦ 타코벨(Taco Bell)

이미지 출처: 위키피디아

Taco Bell은 창립자 Glen Bell이 1962년 캘리포니아 어바인에서 시작한 미국 기반 패스트푸드 체인점이다. 타코벨은 Yum!의 자회사로 다양한 메뉴와 함께 타코, 부리토, 퀘사디아, 나초 등 다양한 멕시코 음식을 제공한다. 2018년 기준 Taco Bell은 7,072개의 레스토랑에서 매년 20억 명이 넘는 고객에게 서비스를 제공하고 있으며, 그중 93% 이상의 독립기업이 소유 및 운영하고 있다.

PepsiCo가 1978년 Taco Bell을 인수하고 나중에 Tricon Global Erstaurant으로 레스토랑 부문을 분사했으며 나중에 이름을 Yum! 브랜드로 바꾸었다.

♦ KFC(Kentucky Fried Chicken)

이미지 출처: 위키피디아

KFC(켄터키 프라이드 치킨)는 켄터키주 루이빌에 본사를 둔 프라이드 치킨을 전문으로 하는 미국의 패스트푸드 레스토랑 체인이다. 2019년 12월 기준으로 전 세계 150개국에 22,621개의 매장이 있는 맥도날드에 이어 세계에서 두 번째로 큰 레스토랑 체인(매출 기준)이다. 체인은 Yum!의 자회사이다.

KFC의 창업주인 샌더스(Harland David Sanders)는 자기가 운영하던 식당의 파산으로 인해 65세의 나이에 자신의 비밀 레시피를 가지고 만든 치킨요리로 투자를 유치하였다. 1,008회나 사업자들에게 문전박대를 당하고 1,009회째에 드디어 후원을 받아 식당을 유지하게 되었고 당시 패스트푸드계의 혁신적인 바람을 몰고 왔다.

♦ 피자헛(Pizza Hut)

이미지 출처: 위키피디아

피자헛(Pizza Hut)은 1958년 6월 15일 위치타 주립대 학생인 댄 카니(Dan Carney)와 프랭크 카니(Frank Carney) 형제가 캔자스주 위치타에 첫 매장을 연 6개월 후 두 번째 매장을 열었고 1년 만에 6개를 갖게 되었다.

1959년에 프랜차이즈 사업을 시작하였다. 2019년 전 세계적으로 18,703개의 레스토랑이 있다.

상징적인 피자헛 건물 스타일은 1963년 시카고 건축가 George Lindstrom이 설계했으며 1969년에 구현되었다. Yum!의 자회사이다.

⚙ 패밀리 캐주얼 다이닝의 부상

1990년대 맞벌이 부부가 증가하면서 소비 패턴의 변화로 외식하는 사람들의 수가 증가했다. 올리브가든(Olive Garden), 애플비(Applebee's)와 같은 레스토랑 체인은 계속 성장하는 중산층을 수용하여 적당한 가격의 식사와 어린이 메뉴를 제공했다. 이 패밀리 스타일의 캐주얼 다이닝 레스토랑은 오늘날에도 여전히 인기 있는 레스토랑 콘셉트로 유지되고 있다.

♦ 애플비(Applebee's Neighborhood Grill+Bar)

이미지 출처: 위키피디아

애플비(Applebee's)는 1980년 Bill과 TJ Palmer에 의해 설립되었다. 그들이 원했던 비전은 동네 펍(pub) 느낌이 나는 레스토랑을 만들고 저렴한 가격으로 양질의 음식과 함께 친절한 서비스를 제공할 수 있는 레스토랑을 만드는 것이었다.

애플비의 콘셉트는 샐러드, 치킨, 파스타, 버거 및 리블렛(Applebee's의 시그니처 요리)과 같은 미국 주류 요리와 함께 캐주얼 다이닝에 중점을 두고 있다. 모든 레스토랑은 바(bar)공간을 갖추고 있으며 알코올 음료를 제공한다. 2019년 12월 31일 기준으로 미국 외 15개국에 1,787개의 레스토랑을 운영하고 있으며 이 중 회사 소유 레스토랑은 69개, 프랜차이즈 레스토랑은 1,718개이다.

♦ 올리브가든(Olive Garden)

이미지 출처: 위키피디아

올리브가든(Olive Garden)은 이탈리아의 아메리칸 요리를 전문으로 하는 아메리칸 캐주얼 다이닝 레스토랑 체인이다.

플로리다주 오렌지 카운티에 본사가 있는 Darden Concepts, Inc.의 자회사이며 1982년 12월 13일 개점한 이래 1989년까지 145개의 Olive Garden 레스토랑이 생겨서 General Mills 레스토랑 부문에서 가장 빠르게 성장하는 레스토랑이 되었다.

올리브가든 레스토랑은 꾸준한 인기를 얻었고 2013년 3월 22일 현재 전 세계적으로 891개의 레스토랑을 운영하고 있다.

⚙️ 식당에 대한 대중의 반발

1980년대, 1990년대, 2000년대에 들어 미국인들의 비만이 사회적 문제로 부상하였다. 비만으로 인한 각종 질병이 21세기까지 지속되자 공중보건기관은 식당에 메뉴 개혁을 촉구했다. 음식의 양, 지방과 나트륨이 많은 건강에 해로운 음식들이 비난의 대상이 되었고 이에 대한 대응으로 많은 대형 레스토랑 체인이 개선된 어린이 메뉴를 포함하여 더 건강한 식사를 제공하기 시작했다.

⚙️ 농장에서 식탁으로의 이동

제공되는 음식의 건강에 대한 우려와 함께 많은 미국인들은 음식의 출처에 집중했다. 미국 NRA(National Restaurant Association)는 2011년의 상위 10가지 트렌드 중 하나가 현지 및 유기농 식품이라고 보고했으며, 이는 소비자들이 자신이 무엇을 먹고 있는지에 대해 그 어느 때보다 더 우려하고 있음을 나타낸다.

미국 경제조사원의 자료에 따르면 2019년까지 식품 서비스 산업은 식품 소매보다 규모가 더 컸다. 식품 서비스 및 식품 소매산업은 2019년에 약 1조 7,900억 달러 상당의 식품을 공급했으며 이 중 9,782억 달러가 식품 서비스 시설에서 공급되었다.

| 그림 1-25 | 미국 음식구매 지출동향

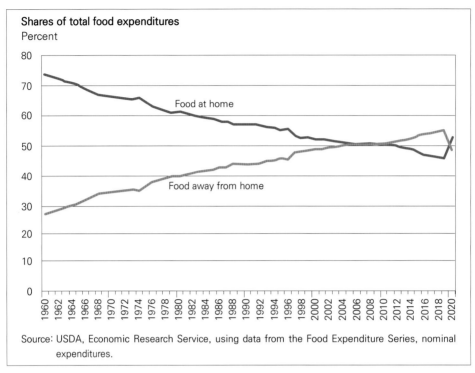

Source: USDA, Economic Research Service, using data from the Food Expenditure Series, nominal expenditures.

출처: 미국 경제조사국(National Bureau of Economic Research)

그러나 2020년에 외식산업은 부분적으로 COVID-19 전염병, 외식업 시설에 영향을 미치는 이동 제한 및 후속 경기침체의 결과로 역사상 가장 급격한 하락(16.9%)을 보였다. 2020년 식품 서비스 및 식품 소매산업은 약 1조 6,900억 달러 상당의 식품을 공급했다. 이 중 8,134억 달러가 식품 서비스 시설에서 공급되었다. 상업용 식품 서비스 시설은 외식비 지출의 대부분을 차지한다. 이 범주에는 풀 서비스 레스토랑, 패스트푸드 매장, 케이터링 서비스 제공업체, 일부 카페테리아 및 일반 대중에게 이윤을 위해 음식을 준비, 제공 및 판매하는 기타 장소가 포함된다. 일부는 숙박시설, 레크리에이션 시설 및 소매점과 같이 주로 식사 및 스낵 제공에 종사하지 않는 시설 내에 있다.

이상으로 3차 산업혁명기에 접어들며 미국 외식산업의 발전과정에서 나타난 여러 현상과 이에 따른 외식산업에 대한 특징은 다음과 같다.

◈ 운영방식(사업 운영방식 도입 :프랜차이즈, 체인, 셀프시스템 도입)
◈ 과학적 관리기법 도입
◈ 위생 시스템의 도입
◈ 다국적 음식의 확산 및 체인화
◈ 소비자 라이프 스타일의 변화와 소비자 요구의 수용이 트렌드로 자리 잡음

(2) 일본

일본 외식산업의 역사는 2차 세계대전 전과 후로 전체 기간산업의 발달과 더불어 발전했다고 볼 수 있다. 1940년대 이전에도 외식은 요식업으로 작은 점포들과 백화점 내 식당, 레스토랑이 출현하였으며 서구문물의 영향으로 고급 레스토랑이 유행하기도 했다. 일본은 전후 급격한 성장을 하여 1990년에서 밀레니엄에 정점에 이른 것으로 보이며 지속적으로 완만한 성장을 하고 있으나 외식산업의 소비판도가 바뀌고 있고 2003년 이후 감소하는 인구와 생산인력의 감소가 산업 전반에 영향을 끼치는 것으로 보인다.

| 그림 1-26 | **일본 외식산업의 역사**

1960년대	1970년대	1980년대	1990년대	2000년대
• 요식업에서 외식업으로 전환 • 음식업 자유화 • 외식산업 매출 5조 엔	• 서구적 외식의 도입 • 현대적 산업으로 성장 • 센트럴키친 • 외식혁명 • 스카이락, KFC, 맥도날드, 롯데리아, 데니스… • 1975년 8조 5,733억 엔	• 외식산업 고도성장 • 프랜차이즈 활성화 • 종합 네트워크 및 정보 종합 관리시스템 구축 • 식자재 공장, 물류센터 건립 • 스카이락, 데니스저팬 상장	• 외식산업 중성장기 • 1993년 마이너스 성장 • 외식기업의 도산 (1993년 435건, 부채 총액 1천만 엔 이상) • 1997년 29조 702억 엔	• 2003년을 피크로 인구감소 • 2012년 일본 외식률 35.9%(감소추세) • HMR을 포함한 취식 2012년 45.1%(증가추세) • 커피산업의 약진 • 편의점이 식당과 카페의 역할을 겸하며 증가(2010년 5만 개)

2011년 일본은 프랑스를 제치고 가장 많은 미슐랭 3스타 레스토랑을 보유한 국가로 등재되었고 2022년 도쿄는 미슐랭 3스타 레스토랑과 4곳의 2스타 레스토랑을 보유한 세계에서 가장 많은 미슐랭 식당이 있는 도시 중 하나로 꼽히고 있다.

한편 2013년 일본 요리는 유네스코 무형유산목록에 추가된 바 있다.

2차 산업혁명기 이후 3차 산업혁명기에 접어들며 생겨난 외식산업의 대표적인 변화는 아래와 같이 요약할 수 있다.

- ◈ 1923년의 관동대지진 이후 소규모 음식점과 포장마차가 생겨남
- ◈ 1937년 일중전쟁 개시 이후 쌀 사용 금지, 메밀가루 등을 사용한 대용식 사용
- ◈ 1945년 연합군에 의한 일본점령기에 양식이 전파되고 익숙해짐, 젊은 세대에 빵이 식사대용으로 확산됨, 인스턴트식품, 냉동식품, 통조림 보급의 확산, 백화점의 등장, 백화점 내 고급 레스토랑의 출연
- ◈ 1958년 닛신식품(日淸食品)이 치킨라면 개발, 모리나가(森永)제과 인스턴트커피 출시
- ◈ 1958년 공산성의 상업 통계에 의한 외식시장의 음식점 수는 19만 9,908개 정원 수는 77만 명, 연간 시장규모는 3,142억 원에 이르렀다.

♦ 최초의 인스턴트 라면

이미지 출처: 닛신식품

일본 회사인 Nissin Foods는 1958년에 라면을 최초로 발명했다. 이 회사의 설립자인 대만계 일본인인 안도 모모후쿠(Ando Momofuku, 安藤百福)는 인스턴트면을 보존하기 위해 유열건조(튀겨서 보존하는 방법)를 발견하고 연구를 통해 최초의 라면을 개발하였다.

1971년 미국인들이 라면을 끓이지 않고 뜨거운 물을 부어 포크로 먹는 것을 발견하고 컵라면을 발명했으며 전 세계적으로 유행시켰다. 오늘날 라면은 연간 900억 개 이상이 판매되는 식품이 되었다. 전 세계적으로 라면 소비는 대한미국이 상위에 오를 만큼 라면은 국민음식으로 자리 잡았고, 대중화에 성공한 20세기 식품산업의 혁명적인 발명품이다.

⚙ 1960년대(외식업소의 증가와 외식산업의 발판이 마련된 시기)

1960년대는 한국전쟁 발발로 인한 경제적 특수와 다양한 외식업체의 출연으로 일본 외식산업의 태동기를 맞이하여 외식산업이 하나의 산업으로 급성장하기 위한 발판이 마련된 시기였다.

1960년대 초반에는 세이부백화점(西武百貨店)에 처음으로 서구형 카페테리아가 개점하였으며 1969년 전반기 사이에 패스트푸드점, 커피숍, 패밀리 레스토랑이 등장하였다. 1968년 오츠카(大塚)식품이 레토르트(retort)[11] 기술을 이용하여 본카레(ボンカレー)의 판매를 개시하였고 1960년대에 열린 동경올림픽이 개최되며 외식업계 발전의 기틀이 마련되었다.

1969년 3월 제2차 음식법에 대한 자본자율화가 법률적으로 인정되며 본격적인 발전을 하게 되었다. 1967년 말 통산성의 상업 통계에 의하면 연간매출액이 1조 2천억 엔으로 1939년도에 비해 30%의 증가율을 보였다. 외식업소는 32만 개소로 1939년 대비 19%가 증가하였으며 외식산업 종사자는 130만 명으로 17% 증가율을 보였다.

♦ 본 카레(屋台)

이미지 출처: 낫신식품

본 카레는(Bon Curry)는 오오츠카식품이 판매하는 레토르트 카레의 상품명으로, 세계 최초의 시판 레토르트 카레이다. 상품명의 유래는 프랑스어의 형용사 'bon'에서 왔고, '좋다(우수)'라는 의미이다. 본 카레를 발매한 계기가 된 것은 회사에서 장기 재고 품목이었던 카레가루를 없애기 위해서였다고 한다.

1968년 2월 12일에 오오츠카식품은 본 카레를 시판하였으며, 본 카레는 라면에 이어 연간 약 20억 개 이상 꾸준히 판매되는 획기적인 상품이다.

---

11 이미 조리한 식품을 플라스틱제의 봉지에 넣어 밀봉한 뒤 고압 가열 살균솥(retort)에 넣어 섭씨 105~120℃의 온도에서 가열하여 멸균시킨 뒤 급속 냉각시켜 만들어진 보존식품

1970년대의 일본 외식산업은 국민소득 증가에 따른 가처분소득의 증가로 인한 소비생활 변화와 대기업의 외식시장 참여, 해외 브랜드 상륙 등으로 외식업 역사의 혁명적인 변화에 전환기가 되었다.

패밀리 레스토랑 스카이락(すかいら)[12]과 미국의 외식 브랜드 맥도날드, 웬디스, 미스터 도너츠, KFC 등의 패스트푸드 브랜드가 도입되었으며 레스토랑 세이부(西武)가 던킨도너츠를 들여왔다. 아울러 일본에서 유명한 패밀리 레스토랑 중 하나인 로얄호스트(ロイヤルホスト)가 1970년 로드사이드 1호점을 개점하면서 일본에 외식기업들이 생겨나기 시작했으며 1972년 롯데리아가 햄버거 체인점을 열기 시작하였다.

이런 기업들은 공통된 맛, 가격, 서비스로 고객들의 신뢰를 얻고 외식시장에 공헌하게 되었다. 미국의 음식 브랜드가 증가하는 데 자극을 받은 일본 식당들이 적극적으로 외식사업에 진출하기 시작했다.

♦ 스카이락의 다양한 브랜드들

이미지 출처: 스카이락

주식회사 스카이락은 일본의 패밀리 레스토랑 체인기업이다. 1962년 토부키 식품유한회사를 설립하고, 1970년 스카이락 1호점을 낸 것을 시작으로 패밀리 레스토랑 사업을 했다. 스카이락 그룹은 27개의 외식 브랜드를 보유한 기업으로 연간 3억 명의 고객이 방문하며 9만 명의 직원이 종사하고 있다.

2022년 현재 3,094개의 지점을 운영하고 있다.

---

12 1994년 제일제당(현 CJ푸드빌)과의 제휴로 스카이락을 개점했으나 2006년 말에 철수했다.

⚙️ 1980년대(저성장기 불황 속 외식산업의 발전)

1980년대 경제 저성장기와 제2차 오일쇼크로 소비불황이 있었으나 1970년대에 등장한 패밀리 레스토랑과 패스트푸드점은 계속 성장하였다. 아울러 일본지역뿐 아니라 해외로 사업 진출을 확대하면서 스카이락, 로얄, 세이부세존, 다이에이 등의 외식기업이 등장하였다.

1985년 동경의 에비스(惠比寿)에 도미노피자가 개점하였고 피자배달 전문점이 증가하였다. 일본 지가상승으로 임대료 부담이 심화되는 상황에서 상대적으로 좋은 입지를 필요로 하지 않았던 피자체인은 급성장하였다.

1980년대 전체 외식산업의 규모는 14조 37억 엔 규모였으며 상위브랜드들의 매출점유율은 전체 규모의 10%를 넘었다.

⚙️ 1990년대(안전과 건강의식, 성장기와 침체 회복기의 판매노력과 새로운 콘셉트의 등장)

1990년대에는 거품경제가 붕괴되며 패밀리 레스토랑 체인의 도심출점이 증가하였다. 버블경제 후 외식산업은 불황을 타개하기 위해 다양한 가격대와 콘셉트를 가진 점포를 개발하였다.

이탈리안 패밀리 레스토랑 사이제리야(サイゼリヤ), 햄버거 레스토랑 빗쿠리돈키(びっくりドンキ), 회전초밥 체인 구루메라멘(久留米ラーメン) 등이 저가 메뉴를 등장시켰다. 아울러 안전성과 건강을 추구하는 식재료에의 수요 증가와 무농약으로 재배한 농산물 및 항생물질이 포함되지 않은 육류를 사용하는 등 사회적인 요구에 부응하였다.

◆ 사이제리야(SAIZERIYA)

주식회사 사이제리야(サイゼリヤ)
는 2018년에 캐주얼 이탈리안 레
스토랑으로 일본 내 1,085점포
외에 해외에서는 중국, 홍콩, 대만, 싱가포르에 384
개의 점포를 운영하고 있다.

스파게티를 라면과 같은 가격으로 제공하는 것을
염두에 두고, 예상치 못한 가격과 메뉴 구성에서 '싸
고 맛있는 것'을 제공하는 것을 정책으로 하고 있다.

이미지 출처: 사이제리야

⚙ 2000년대

1990년대에서 2010년대까지는 일본의 '잃어버린 20년'으로 불리는 시대로, 소비자는
가성비를 중시하며 합리적인 외식을 추구하였다.

2010년대는 윤리적 소비[13]에 대한 의식과 개인별 가치효용에 따른 소비패턴이 다양화
되는 모습을 보였다. 2010~2018년까지 일본 외식산업 시장은 완만한 증가세를 보였으며
일본 푸드서비스협회에 따르면 일본 외식산업의 규모는 2017년에 25조 6,561억 엔을 기
록하였고 음식점 부문이 외식산업 성장세를 주도하였다.

후지경제연구소(富士経済グループ)에 따르면 2020년 외식시장 규모는 28조 5,965억 엔
으로 전년과 비교해 시장규모는 16.5%가 감소하였다. 3차 산업혁명기 일본 외식산업 발
전과정의 특징은 다음과 같다.

◈ 서구적 외식문화를 일찍 수용

◈ 현대적 시스템 개발

◈ 전통 있고 유서 깊은 노포식당과 현대문화의 공존

◈ 경제성장에 이은 버블위기와 더불어 인구감소, 고령화로 인한 외식 트렌드의 변화

---

13 윤리적(Ethical) 소비: 상품이나 서비스 선택 시 환경, 사회공헌 등의 가치관에 따라 소비하는 행동 및 이념

(3) 중국

| 그림 1-27 | **연대별 중국 외식산업시장의 변화**

1970년대	1980~90년대	2000년대
• 공산당 치하에 거민 식당 • 개방과 개혁으로 경제성장 발판 • 외식산업 규모 54억 8,000만 위안(한화 약 9,300억 원) • 외식업체 수 12만 개	• 1987년 KFC • 1989년 한식 프랜차이즈 서라벌 최초 중국 진출 • 1990년 맥도날드 • 피자헛, 스타벅스 등 글로벌 외식 브랜드가 중국에 진출 • 전통브랜드 프랜차이즈화 베이징덕요리 전문점 취엔지더(全聚德), 중국 전통 샤부샤부 동라이순(东来顺), 베이징덕 전문점 피엔이팡(便宜坊) • 상업프랜차이즈관리시범방법(商業特許經營管理辦法) 발표	• 2003년 BBQ 진출 • 2004년 9월 상하이 구베이 직영점 파리바게뜨 개점 • 2017년 기준 465만 개, 총 영업점 800만 개의 사업장 운영 • 체인형 패스트푸드, 커피숍 증가 • 스마트폰이 대중화되면서 온라인 플랫폼 활성화 • 2017년 중국의 배달외식 시장 규모 1,028억 8,000위안(한화 약 17조 4,896억 원) • 2020년 외식업 총매출은 5조위안(한화 약 850조 원)

중국은 일본 외식산업에 이어 1979년 개혁 개방 이후 40년 만에 외식업 시장 규모가 세계 2위로 성장한 것으로 평가받고 있다. 이는 중국의 인구와 소비되는 외식의 규모로써도 이미 압도적인 잠재규모가 있는 시장인데다 세계 최대 모바일 시장으로 성장한 중국은 외식산업에서도 최첨단 기술을 통한 푸드테크(foodtech)로 인력난을 해소하고 효율화를 지속 보완하며 수직성장을 이어가고 있다.

| 그림 1-28 | **중국 외식시장 규모**

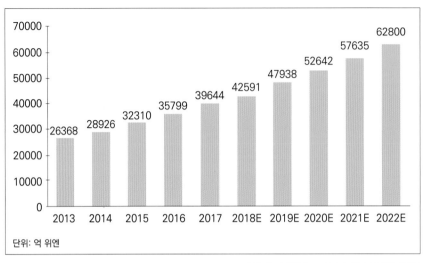

출처: 중국산업정보, KOTRA 톈진 무역관 재정리

서빙로봇, 쇼핑, 외식업체, 길거리 음식까지도 모바일 결제가 일반화된 중국이 인공지능, 빅데이터, 사물인터넷 등 4차 산업혁명을 바탕으로 외식산업의 발전에 박차를 가하고 있다.

최근 중국의 외식산업은 한국보다 앞서고 있다는 평가를 받는데 이것은 중국의 개방정책 및 기술발전과 깊은 연관이 있다. 중국이 급성장하게 된 배경과 기술은 핀테크와 푸드테크, OTO, AI, SNS 등과 같은 현대의 기술이 외식과 접목되었기 때문이다. 이 부분에 대한 내용은 4차 산업혁명에서 보다 자세히 다루도록 하겠다.

01. 산업혁명 이전의 외식산업은 어떻게 발전해 왔는가?

02. 1차, 2차, 3차 산업혁명별 주요 변화내용은 무엇인가?

03. 각 산업혁명 시기별 외식산업의 특징은 무엇인가?

04. 주요 외식산업 강국의 외식산업 발전과정은 어떠한가?

토론주제

◇

Discussion topic

01. 1차 산업혁명의 발원지는 어디인가?

　① 영국　　　　　　② 미국

　③ 중국　　　　　　④ 프랑스

02. 1차 산업혁명의 주요 특징이 아닌 것은?

　① 방적기술과 동력 직조기와 같은 새로운 기계의 발명 및 공장 시스템

　② 증기기관차, 증기선, 자동차, 비행기, 전신 및 라디오를 포함한 운송 및 통신 발전

　③ 노동계급 착취로 인한 노동운동의 발전, 광범위한 질서의 문화적 변형

　④ 가공, 운송 수단의 혁신, 영화, 라디오와 축음기 개발

03. 1차 산업혁명이 외식에 끼친 영향으로 볼 수 없는 것은?

　① 농업기술발전에 영향을 주어 대량생산이 가능하게 되고 식품산업이 발전하게 됨

　② 여행자들을 위한 숙박, 식당 역할을 하는 선술집이 유행함

　③ 다국적 음식점들이 성업을 이룸

　④ 도시의 주요 시설로 노동자의 이동이 증가하게 되어 인구가 급속히 증가함

04. 1차 산업혁명의 핵심동력은 (　　　　　)라 할 수 있다. 빈칸에 들어갈 말은?

　① 석유　　　　　　② 증기, 석탄

　③ 원자력　　　　　④ 재생에너지

05. 2차 산업혁명의 특징을 알맞게 짝지은 것은?

① 산업화 사회, 대량생산 – 재생에너지 – 19세기 말~ 20세기 초

② 산업화 사회, 대량생산 – 석유 – 19세기 말~20세기 초

③ 산업화 사회, 기계화 – 석유 – 20세기 말

④ 정보화 사회 – 전기 – 20세기 말

06. 2차 산업혁명 시기에 나타난 주요 사회변화 현상이 아닌 것은?

① 석유를 사용하는 자동차, 오토바이, 모터보트 및 펌프 개발

② 도시 노동자의 공장 노동자로 전환, 단순노동에서 기술노동으로 전환

③ 서비스 산업의 성장

④ 고용의 증가, 화이트칼라 노동자의 증가, 노동조합의 증가

07. 2차 산업혁명 시기에 외식산업의 발전과 함께 등장한 다양한 형태의 사업방식 또는 개발로 적절하지 않은 것은?

① 통조림의 개발   ② 프랜차이즈의 등장

③ 냉장고의 발명   ④ 카페테리아의 등장

08. 3차 산업혁명에 대한 설명으로 알맞게 짝지은 것은?

① 산업화 사회, 대량생산 – 재생에너지 – 20세기 초

② 산업화 사회, 다품종 소량생산 – 석유 – 20세기 말

③ 정보화 사회 – 전기 – 20세기 말

④ 정보화 사회 – 재생에너지 – 20세기 말

09. 다음 중 3차 산업혁명기의 사회현상을 잘못 설명한 것은?

① 정보통신기술이 본격적으로 발달하기 시작하며 일상생활의 디지털화를 촉발

② 사람과 자본, 상품, 서비스, 노동이 장벽 없이 유통되는 시대가 열림

③ 정보와 지식은 사회적, 경제적 가치를 가지는 중요한 자원이 됨

④ 앨빈 토플러는 농업혁명, 상업혁명에 이은 제3의 물결이라고 부름

10. 주요 외식소비국 중 핀테크와 푸드테크, OTO, AI, SNS 등 현대의 기술을 외식과 접목하여 외식산업의 성장을 주도하고 있는 나라는?

① 미국   ② 중국

③ 일본   ④ 프랑스

11. 괄호 안에 알맞은 말은?

> (   )이란 권력이나 사회 조직구조의 갑작스럽고 비단계적인 방식을 통한 변화를 의미하며 이런 급격한 변화가 사회경제 전반에 걸쳐 발생해 산업군의 구조적인 변화를 초래하는 경우 이를 (   ) 이란 용어로 사용하고 있다.

① 혁명 - 산업혁명   ② 혁명 - 사회혁명

③ 개혁 - 산업혁명   ④ 개혁 - 사회개혁

12. 외식산업의 발전과 관련한 특정국가에 대한 설명이다. 어느 나라인가?

> "혁명과 금주법, 세계대전, 대공황을 경험하며 프랜차이즈라는 시스템을 만들어 외식을 산업화할 수 있는 시스템과 도구들을 개발하였고 외식시스템의 기초를 확립하였다."

① 미국   ② 중국

③ 일본   ④ 프랑스

13. 상품이나 서비스 선택 시 환경, 사회공헌 등의 가치관에 따라 소비하는 행동 및 이념을 의미하며 20세기 말 미국에서 사회문제가 되었던 비만과 관련한 식당메뉴 개혁운동과 함께 궁극적으로 외식 소비패턴을 다양화하거나 변화하는 데 영향을 주는 소비를 무엇 이라 하는가?

① 윤리적 소비   ② 생산적 소비

③ 소극적 소비   ④ 사회적 소비

14. 외식의 역사적 전개과정에 대한 설명 중 올바른 것은?

① 상업적 목적의 외식은 인류가 문명을 이루고 집단거주가 시작되면서 이미 존재해 왔다.

② 외식은 그 특성상 산업혁명이 본격화됨에 따라 더 많은 사람들이 직업을 갖게 되고 따라서 집에서 식사를 준비할 시간이 줄어들어 불가피하게 길거리 음식과 식당 에서 음식을 먹게 됨으로써 비로소 시작되었다고 볼 수 있다.

③ 프랜차이즈 등 외식산업의 시스템화 산업화가 시작된 나라는 프랑스이다.

④ 다국적 음식점의 등장은 IT, 모바일, 인터넷이 활성화되어 국제 간 교류가 실시간 으로 이루어지게 된 3차 산업혁명기의 현상으로 볼 수 있다.

정답 1① 2④ 3③ 4② 5② 6③ 7② 8④ 9④ 10② 11① 12① 13① 14①

학습목표

Road map

1. 4차 산업혁명의 개념을 이해한다.
2. 4차 산업혁명을 비판적으로 고찰한다.
3. 4차 산업혁명이 이전 산업혁명과 개념상 차이를 보이는 부분에 대해 이해한다.
4. 4차 산업혁명이 초래할 사회경제적 변화양상을 분야별로 고찰한다.
5. 4차 산업혁명의 기술이 외식산업에 어떻게 접목되어 운영될 것인지를 이해한다.
6. 외식산업의 성장배경/조건에 대해 이해한다.
7. 외식산업의 환경이 4차 혁명산업 시기에 어떻게 변화할지를 학습한다.

Key word_ 4차 산업혁명, 변화의 속도, 폭, 충격, AI, 빅데이터, 소득, 가계노동, 온라인, 인구구조, HMR, 푸드테크

4차 산업혁명과 외식산업

1. 4차 산업혁명

1) 4차 산업혁명의 개념

4차 산업혁명이란 용어는 세계경제포럼(World Economy Forum) 의장인 클라우스 슈밥(Klaus Schwab)이 2016년에 주창한 개념으로 "3차 정보화 산업혁명에 기반을 두고 디지털, 바이오, 물리학 등의 기존 영역의 경계가 서로 융합하는 기술혁명"으로 정의한다.[1]

| 그림 2-1 | **인더스트리얼 4.0 개념도**

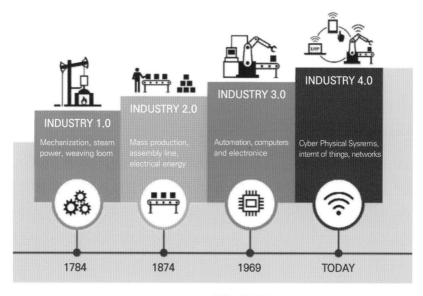

출처: 4차 산업혁명 이미 와있는 미래, Roland Berger

---

1   Klaus Schwab(2016), 『제4차 산업혁명』, 메가스터디BOOKS, p.23.

원래 4차 산업혁명이란 개념은 독일이 자국 제조업의 혁신을 위한 '하이테크 전략 2020' 계획을 수립하는 과정에서 고안해 낸 인더스트리(industry) 4.0이란 개념을 슈밥이 이론적으로 확장한 것으로 여기서 인더스트리 4.0이란 사물인터넷(internet of things / IoT)을 통해 인간의 개입을 최소화하고 생산기기와 생산품 간의 정보교환이 가능하도록 제조업의 완전한 자동생산체계를 구축하여 전체 생산과정을 최적화하는 4세대 산업생산시스템을 의미한다.[2][3]

슈밥은 인더스트리 4.0을 제4차 산업혁명으로 확대 개념화하였다. 그는 기존 산업혁명의 성과를 기반으로 디지털, 물리학, 바이오의 영역과 경계가 인공지능(AI), 빅데이터[4], 사물인터넷 등의 첨단기술로 인해 허물어지고 융합되면서 제조업의 효율화뿐 아니라 사회 전반에 파괴적 혁신과 변화가 나타나게 되어 인간의 생활방식에 근본적인 변화가 이루어진다고 보았다. 따라서 이에 대한 준비와 대비가 있어야 할 것을 주장하였다.

| 그림 2-2 | **클라우스 슈밥(Klaus Schwab)**

출처: 위키피디아

일반적으로는 4차 산업혁명을 구현하는 기술의 총체를 AIoT(artificial intelligence of things, 사물지능융합기술)로 부르는데[5] AIoT는 "어떤 문제를 해결하거나 목표를 달성하기 위해 데이터를 수집하고 인공지능을 개발하여 사물에 탑재하거나 융합하여 활용하는 데 필요한 기술과 역량 및 그 산업적 총체"[6]로 정의하며 이때

---

2 인더스트리 1.0은 제조업의 기계화, 인더스트리 2.0은 대량생산, 인더스트리 3.0은 부분 자동화를 의미하며 인더스트리 4.0은 완전 자동화를 뜻한다.
3 일반적으로 스마트 공장이란 표현으로 사용한다.
4 빅데이터란 기존 데이터베이스 관리도구의 능력을 넘어서는 대량의 정형 또는 심지어 데이터베이스 형태가 아닌 비정형의 데이터 집합조차 포함한 데이터로부터 가치를 추출하고 결과를 분석하는 기술이다.(위키백과)
5 한국사물진흥협회
6 한국사물진흥협회

사물이란 물리적 사물, 디지털 사물, 바이오 사물을 의미한다.[7]

4차 산업혁명론자들은 AIoT 개념을 3차 산업혁명의 IT와 구분되는 개념으로 사용하며 디지털 대전환을 주장한다.

| 그림 2-3 | Artificial Intelligence of Things

출처: 한국사물지능협회

2) 4차 산업혁명의 특징

일반적으로 4차 산업혁명론자들은 AIoT를 3차 산업혁명과 구분되는 개념으로 활용하고 있음을 전술한 바 있다. AIoT(artificial intelligence of things) 즉, 사물지능융합기술은 지능성과 연결성을 확대하고 융합하는 이른바 초지능성(hyper intelligence)과 초연결성(hyper connectivity), 초융합성(hyper convergence)을 지향한다.

즉, 빅데이터와 인공지능 등을 이용하여 사람뿐 아니라 모든 사물을 지능화하고 지능화된 사람과 사람, 사람과 기기, 기기와 기기 사이를 사물인터넷 등을 활용하여 연결을 확대

---

7 한국사물진흥협회

하면 이를 기반으로 모든 사물의 경계가 허물어지고 융합되는 현상이 기하급수적인 속도로 만들어진다는 것이 바로 4차 산업혁명의 핵심적 특성이며 이 모든 행위는 디지털화된 데이터, 정보, 지식을 기반으로 한다. 슈밥은 이러한 변화가 3차 산업혁명기와 속도, 범위와 깊이, 시스템 충격의 범주 면에서 확연히 구분되는 특성을 갖게 되므로 이를 4차 산업혁명으로 부를 수 있다고 주장한다.[8]

대체로 3차까지의 산업혁명이 각각의 시기에 변화를 이끌었던 핵심적인 동력과 기술을 기준으로 그 특성을 구분했던 반면에 4차 산업혁명기에는 연결과 융합, 속도, 범위 등으로 그 구분의 준거를 삼는 것이 특징적인 부분으로 바로 이 부분이 종종 4차 산업혁명의 실체와 관련하여 회의론자들의 비판의 근거가 되기도 한다.

| 그림 2-4 | 다보스포럼에서 제시된 4차 산업혁명 개념

출처: 다보스포럼(2016), 한국경제신문, 2017년 1월 기사

1,2,3차 산업혁명의 역사적 경험을 토대로 일반적으로는 다음과 같이 산업혁명의 충족기준을 설명하기도 하는데[9] 이 기준에 따르면 4차 산업혁명은 그 성격을 달리한다고 볼 수도 있다.

---

8 Klaus Schwab(2016), 『제4차 산업혁명』, 메가스터디BOOKS, p.23.
9 송성수(2016), "산업혁명의 역사적 전개와 4차 산업혁명론의 위상", 『과학기술학 연구』, 제17권 제2호, p.33.

◈ 해당 산업혁명을 선도하는 핵심기술이 존재하는가?

◈ 핵심기술은 다른 기술혁신과 연결되어 포괄적인 연쇄효과를 유발하는가?

◈ 해당 산업혁명으로 인한 경제적 구조의 변화가 이전의 시기와 구분되는가?

◈ 사회문화적 차원에서도 이전의 시기와 구분되는 변화가 있는가?

4차 산업혁명을 요약하자면, 기존의 산업혁명과는 달리 속도, 깊이와 범위, 시스템적인 충격을 그 핵심 특성으로 하며 인공지능과 사물인터넷, 빅데이터 등의 정보통신기술이 모든 사물을 지능화하고 연결할 뿐만 아니라 바이오와 물리적 사물 분야의 신기술과도 결합되어 새로운 혁신과 변화가 일어나는 현상이라 할 수 있다.

| 그림 2-5 | **저장매체의 발전은 빅데이터 기술의 발전에 매우 중요한 요소**

Global Information Storage Capacity
in optimally compressed bytes

2007 ANALOG
19 exabytes

– Paper, film, audiotape and vinyl: 6%
– Analog videotapes(VHS, etc): 94% ANALOG
– Portable media, flash drives: 2% DIGITAL
– Portable hard disks: 2.4%
– CDs and minidisks: 6.8%
– Computer servers and mainfarmes: 8.9%
– Digital tape: 11.8%
– DVD/Blu-ray: 22.8%

2000

1986
ANALOG
2.7 exabytes

1993

ANALOG STORAGE

DIGITAL
STORAGE

DIGITAL
0.02 exabytes

– PC hard disks: 44.5%
123billion gigabytes

2002:
"beginning
of the digital age"
50%

– Others: <1%(incl. chip cards, memory cards,
floppy disks, mobile phones, PDAs, cameras/
camcorders, viedo games)

% digital:
1%   3%   25%   94% DIGITAL
280 exabytes

Source: Hilbert, M., & López, P. (2011). The World's Technological Capacity to Store, Communicate, and Compute Information. *Science*, 332(6025), 60 –65. http://www.martinhilbert.net/WorldInfoCapacity.html

출처: 위키피디아. commons by my work for wiki – 자작, CC BY-SA 3.0

3) 4차 산업혁명의 기술분야

앞에서 다룬 바와 같이 4차 산업혁명기의 주요 특성을 속도, 범위, 시스템적 충격을 꼽은 관계로 타 산업혁명에서 언급되는 핵심 동력이나 기술 동인을 규정하기 애매한 부분이 있다 하겠다. 주로 디지털화된 데이터, 정보, 지식에 기반을 둔 인공지능과 빅데이터, 사물인터넷, 로봇, 블록체인, 가상공간 등이 초지능, 초연결, 초융합 등 4차 산업혁명의 특성과 연관된 주요 핵심기술로 언급되나 이외에도 다양한 분야의 다양한 신기술을 4차 산업혁명의 신기술로 분류하고 있다. 아래 표는 그 주요 내용이다.[10]

표 2-1 슈밥의 4차 산업혁명 기술 동인

구분	기술
물리적 기술	무인 운송 수단
	3D 프린팅
	첨단 로봇공학
	신소재
디지털 기술	사물인터넷
	블록체인(비트코인)
	온디멘드 경제
	인공지능
	빅데이터
생물학 기술	게놈 시퀀싱
	합성생물학
	바이오프린팅
	생물공학
	유전자 편집

10 Klaus Schwab(2016), 『제4차 산업혁명』, 메가스터디BOOKS, p.23.

| 그림 2-6 | 4차 산업혁명의 핵심기술

출처: 교육부(www.moe.go.kr)

4) 4차 산업혁명론의 비판적 고찰

가. 개념의 모호성

적어도 산업혁명이라 칭하려면 그 이전 시대와 뚜렷이 구분되는 특성을 가져야 하나 4차 산업혁명은 3차 산업혁명과의 단절과 불연속성을 증명할 수 있는 뚜렷한 특성이 없다는 것이 비판의 주요 내용이다. 4차 산업혁명기의 기술들은 이미 3차 산업혁명기로부터 기원한 것이 대부분으로[11] 4차 산업혁명에서는 타 산업혁명과 뚜렷이 구별되는 독자적인

---

11 Klaus Schwab 본인도 4차 산업혁명은 3차 산업혁명에 기반을 두고 있음을 언급하였다.

핵심기술 동인이 없다. 따라서 4차 산업혁명은 그 실체가 모호하다는 것이다.(3차 산업혁명의 연장일 뿐이라는 의견)

저명한 미래학자인 제러미 리프킨(Jeremy Rifkin)은 4차 산업혁명을 부정하고 현재의 혁신을 단지 3차 산업혁명의 연장일 뿐이라 주장하고 있다. 그는 산업혁명을 촉발하는 규정 기술을 통신기술, 에너지원, 운송수단으로 보고 이것이 하나로 결합되어 범용기술 플랫폼이 등장할 때 새로운 산업혁명이 나타난다고 주장하며 슈밥의 4차 산업혁명에 대해 아래와 같이 비판하였다. 여기서 범용기술이란 특정 분야에 국한되지 않고 다양한 분야의 기술혁신을 유발하여 기존 생산양식을 변화시키며 새로운 기술 패러다임을 이용하는 다양한 보완적 발명과 혁신이 장기간에 걸쳐 연쇄적으로 나타나는 것과 관련한 기술을 의미한다.[12]

| 그림 2-7 | **제레미 리프킨(Jeremy Rifkin, 1945년 1월 26일~) 미국의 경제 및 사회 이론가, 작가, 대중 연설가, 정치 고문 및 운동가**

"4차 산업혁명은 없다. 이것은 픽션이다. 슈밥은 인프라에 대해 오해하고 있다. 1차 산업혁명은 증기 펌프, 2차는 아날로그 전기, 3차는 디지털이다. 슈밥은 로봇공학, 인공지능 및 유전학이 너무 빠르게 움직인다고 보고 이를 혁명이라고 말했지만, 마케팅 도구였을 뿐이다. 세계경제포럼은 혼란을 일으켰다."[13]

즉, 슈밥의 4차 산업혁명론은 획기적인 시대의 전환을 가져온 규정 기술이나 범용기술 플랫폼 등과 관계가 없는 '가상의 마케팅 용어'에 불과한 주장이라는 것이며 기껏해야 '최근의 유망기술들이 모두 모여서 경제와 사회의 모든 분야에 큰 충격을 가져오고 있다'[14]는 수준의 언급이라는 것이다.

---

12 장석인(2017), "제4차 산업혁명 시대의 산업구조 변화방향과 정책과제", 『국토』, 제424호, p.23.
13 제10회 아시아 미래 포럼 보도자료(2019), 한겨레신문사
14 김석관(2018), "산업혁명을 어떤 기준으로 판단할 것인가 - 슈밥의 4차 산업혁명론에 대한 비판적 검토", 『과학기술정책』, 제1권 제1호, pp.113~141.

송성수[15] 역시 1760년대 이후 기술혁신과 경제발전의 장기파동이 호황–침체–불황–회복의 단계를 50년 주기로 순환한다는 장기파동이론을 근거로 그동안 총 6차의 장기파동 중 홀수 장기파동인 1, 3, 5차를 각각 1, 2, 3차 산업혁명의 대두와 연계시키고 짝수 장기파동인 2, 4, 6차를 각각 1, 2, 3차 산업혁명의 심화단계와 연동시키는 방법으로 우리가 4차 산업혁명으로 부르는 시기를 3차 산업혁명을 심화시키는 단계로 분석함으로써 현 시기를 4차 산업혁명 시기가 아닌 3차 산업혁명의 심화시기로 구분하고 있다.

나. 낮은 생산성 증가 수준

미국의 저명한 경제학자 로버트 고든(Robert J. Gorden)은 생산과정의 효율 및 기술혁신의 척도로 널리 사용되고 있는 총요소 생산성[16]을 활용하여 2차, 3차, 4차 산업혁명 시기의 기술에 의한 생산성 증가율을 통계적으로 분석한 바 있다. 고든은 이 분석을 통하여 2차 산업혁명 시기의 생산성 증가율에 대비해서 그 이후(3차, 4차) 증가율이 그 폭과 성장률에서 현저하게 그리고 지속적으로 낮은 것을 밝혀냈다.

모든 산업혁명의 본질이 생산성 혁명이라 한다면 해당 시기에 괄목할 만한 기술혁신에 의한 생산성 증가가 뚜렷해야 함에도 불구하고 [그림 2–8]처럼 2차 산업혁명기 이후 미국의 총요소 생산성은 그 증가율과 지속기간에서 현저하게 낮은 수준을 보이고 있다. 고든은 그의 저서[17]에서 다음과 같이 주장하였다.

2차 산업혁명과 마찬가지로 3차 산업혁명도 혁명적인 변화를 이루어냈지만 그 영역은 비교적 좁다. 2차 산업혁명은 인간에게 필요한 모든 영역(의식주, 교통, 여가생활, 정보통신, 건강, 의료, 근로조건 등)에 그 손길을 미쳤다. 이와 달리 3차 산업혁명은 필요 영역 중 엔터테인먼트, 정보, 통신 등의 특화된 몇 가지 부분에서만 혁명을 일으켰다. 3차 산업혁명의

---

15 송성수(2016), "산업혁명의 역사적 전개와 4차 산업혁명론의 위상", 『과학기술학 연구』, 제17권 제2호, p.33.
16 총요소생산성: 생산을 위해 투입되는 모든 생산요소들의 종합적 생산성으로 노동과 자본 외 기술 혁신 등을 종합적으로 포함한 성장을 결정짓는 핵심적 요인
17 로버트 J. 고든(2017), 『미국의 성장은 끝났는가?』, 생각의힘, pp.801~820.

범위가 넓지 않다는 이 한 가지 사실만으로도 1970년 이후 1인당 생산량과 시간당 생산량의 증가세가 약해지는 이유를 설명할 수 있다.

| 그림 2-8 | **총요소 생산성의 연평균 증가율 1890-2014년**

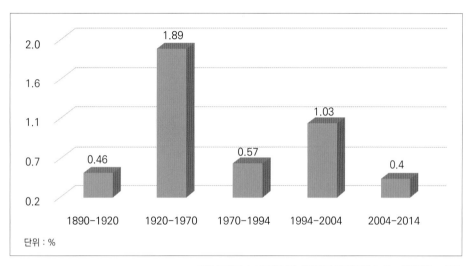

출처: 로버트 J. 고든(2017), 『미국의 성장은 끝났는가』, 생각의힘, p.813.

물론 4차 산업혁명기를 언제부터로 봐야 하는가의 문제와 혁신이 이루어지는 시점 및 그 성과를 확인할 수 있는 시점 사이에는 시차가 존재하기 때문에 4차 산업혁명의 혁신이 성과로 귀결되는가 여부는 일정 시간의 경과가 필요하다는 반론도 설득력이 있다 하겠다.

5) 현시점에서의 4차 산업혁명

4차 산업혁명의 실체와 그 비판적 평가에도 불구하고 4차 산업혁명에 대한 논의가 끊이지 않고 꾸준히 진행되는 배경에는 어찌되었든 디지털 大전환(digital transformation)[18]이 4차

---

18 '기업이 디지털과 물리적인 요소들을 통합하여 비즈니스 모델을 변화시키고, 산업에 새로운 방향을 정립하는 전략' 이상 IBM 기업가치연구소의 보고서(2011) 인용

산업혁명 시기의 어젠다(agenda)이고[19] 그에 대응하는 대책을 세우는 것이 시급하다는 인식이 깔려 있는 것으로 볼 수 있다.

비록 그 개념의 모호성과 불명료함에 관해 고든이나 리프킨의 비판이 타당하다 할지라도 기술은 서로 연결되고 융합되어 빠르게 발전하고 있고 전방위적인 디지털화가 이를 기반으로 심화되는 상황, 즉, 디지털 세계의 물리적 확장은 분명히 빠른 속도로 진행되고 있으므로 향후 혁명으로 개념화할 수 있는 개연성은 있다고 할 수 있다.

또한 비록 4차 산업혁명의 실체에 대한 의문이 학문적 영역에서 제기된다고 하더라도 일반 산업현장에서 디지털화(digitalization)는 거스를 수 없는 대세이고 산업과 사회의 모든 분야에 디지털화를 기반으로 한 AIoT(사물지능 융합기술)가 적용 내지는 접목되고 있으며 세상의 모든 물질과 시스템이 디지털화되어 연결, 융합하려는 시도가 빠르게, 넓게, 파괴적으로 진행되고 있으니 4차 산업혁명이 어떠한 명칭으로 불리던 간에 동 현상에 관한 논의는 의미가 있을 것으로 판단된다.

| 그림 2-9 | **철을 제련하는 작업자들(1875)**

출처: Adolph Menzel, The Iron-Rolling Mill(Modern Cyclops)

---

19 디지털 전환은 3차 산업혁명의 주요 의제이나 슈밥은 그 속도와 범위, 충격의 크기가 3차 산업혁명의 시기와 확연히 구분되는 점을 4차 산업혁명의 근거로 삼는다.

6) 4차 산업혁명이 초래하는 환경의 변화

4차 산업혁명론의 핵심적인 내용은 디지털화된 데이터, 정보, 지식을 기반으로 한 다양한 기존 또는 신기술이 지능화되어 연결되고 융합되어서 그 폭과 속도 그리고 시스템적인 충격 면에서 이전 산업혁명이 경험하지 못한 큰 혁신과 변화가 촉발된다는 것이다.

| 그림 2-10 | **4차 산업혁명의 변화 동인**

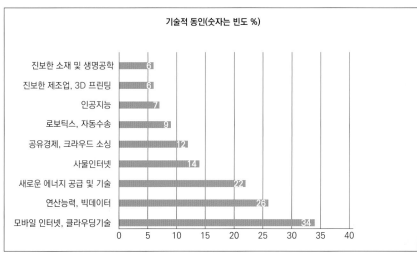

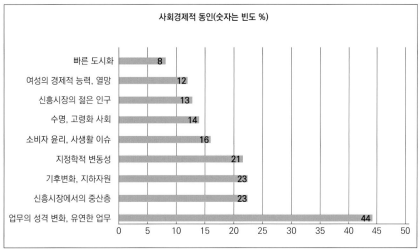

출처: World Economic Forum, The Future of Jobs 2016, p.8.

이전 장에서 살펴본 바와 같이 클라우스 슈밥(Klaus Schwab)의 4차 산업혁명론은 '스마트 공장'의 구현을 목표로 한 독일의 제조업 혁신 프로젝트인 '인더스트리얼 4.0(Industrial 4.0)'이 그 단초라 할 수 있으나 이미 4차 산업혁명은 제조업 범위를 벗어난 사회, 경제 전반에 걸친 큰 변화와 충격 그리고 혁신을 이야기한다. 특히 슈밥은 그 진행 속도와 폭 그리고 시스템적인 충격을 4차 산업혁명의 주요 특징으로 강조해 왔으므로 그의 말에 따르면 4차 산업혁명의 진행 속도는 이전의 산업혁명과 비교가 되지 않을 정도로 기하급수적으로 빠를 것이고 광범위할 것이며 전면적일 것이다.

4차 산업혁명이 사회, 경제 전반에 일으킬 변화는 구체적으로 무엇인가? 전파의 속도가 매우 파괴적이라 했으니 그 충격의 강도를 감안하여 실체를 정확히 파악하고 대비해야 할 것이다. 본 장에서는 이 부분에 대해 개괄해 보기로 한다.

슈밥은 그의 저서[20]에서 "아무도 예상하지 못하는 속도로 다가오는" 4차 산업혁명의 파괴적 혁신이 초래할 현상들에 대해 다각도로 분석하고 있는데 그는 4차 산업혁명이 초래할 사회경제적 변화 양상에 대해 아래와 같이 그 분야를 설정하고 설명한다.

◈ 성장
◈ 고용(노동)
◈ 기업(운영)
◈ 고객(소비자)
◈ 품질(상품, 제품)
◈ 정부
◈ 세계체제
◈ 정체성, 도덕성, 윤리
◈ 휴먼 커넥션

| 그림 2-11 | IT insight

출처: LG, CNS 블로그

---

20 Klaus Schwab(2016), 『제4차 산업혁명』, 메가스터디BOOKS, p.23.

◈ 국제 안보

◈ 중산층(불평등의 문제)

◈ 시민

◈ 공공 및 개인정보 관리[21]

위에서 보는 것처럼 슈밥의 주장은 4차 산업혁명이 특정 산업이나 업종, 분야가 아니라 정치, 경제, 사회, 문화, 시스템, 정보, 윤리 등 인간 생활의 모든 영역에 광범위하고 파괴적인 영향을 미치게 되며 이의 파급효과는 긍정적인 부분뿐만 아니라 부정적인 면 모두를 포함하게 되므로 이를 제대로 인식하고 대비해야 한다는 것이다. 디지털 기반 혁신 덕분에 대중들은 보다 저렴한 가격에 지속 가능한 소비를 할 수 있게 되겠지만 반면에 동일한 사유로 많은 사람들의 일자리가 디지털 기반 기술에 의해 잠식되어 광범위한 실업을 야기할 수 있다는 것 또한 사실이기 때문이다.

본 장에서는 슈밥의 카테고리(category)를 기본으로 여러 자료들을 검토하여 아래와 같이 주제를 설정, 초래할 변화양상을 분야별로 개괄해 보았다.[22]

가. 성장

2000년대 이후 경제위기의 빈발(미국 금융위기, 유럽 재정위기 등)과 그로 인한 만성적인 저성장 국면을 타개하기 위해 각국 정부는 확장적 금융재정정책[23]을 시행하였으나 뚜렷한 성과를 이루지 못하고 과도한 부채만 누적되는 결과를 초래하게 되었다.

또한 이 시기는 인구 구성 역시 구조적 변화를 겪게 되어 고령화 현상이 심화되는 등 세계 경제는 경제 활력 감소와 생산성 정체 현상이라는 부정적인 요인으로 큰 어려움을 겪어 온 시기이기도 하다.

---

21 Klaus Schwab(2016), 『제4차 산업혁명』, 메가스터디BOOKS, p.23.
22 본서의 목적이 슈밥 저서의 해설이나 4차 산업혁명 그 자체가 아닌 점을 감안하였다.
23 확장적 재정 정책(擴張的財政政策): 조세의 감소, 이전 지출의 감소, 정부 구매의 증가 따위를 통하여 총수요를 늘리는 재정 정책(네이버국어사전)

기술 회의론자들은 이러한 부진이 전통적인 경제성장 방식 즉 자본과 노동의 투입에 의한 성장의 방식이 한계에 다다른 것이기도 하지만 대안으로 거론되었던 디지털 혁명 역시 외견상 경제성장을 성공적으로 끌어내지 못하는 것처럼 보이는 점을 들어 디지털 기반의 4차 산업혁명의 생산성 효과도 기대할 수 없을 것이라 주장한다.

실제로 앞서 살펴본 것처럼 실증적인 연구 결과는 2000년대 이후 디지털 전환이 가속화되고 있음에도 불구하고 총요소 생산성의 향상은 이전의 시기에 비해 오히려 그 증가율이 현저히 낮았고 향후에도 그 가능성이 모호하다는 것을 보여준다.[24] 4차 산업혁명발(發) 성장동력의 회복은 가능한 것인가?

| 그림 2-12 | **미국의 연간 경제성장률**

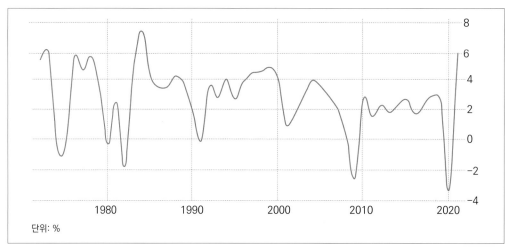

단위: %

출처: Trading economics

슈밥은 4차 산업혁명과 성장의 관계를 논함에 있어 2000년대 이후 세계 경제의 저성장 기조를 자원분배의 왜곡, 과도한 채무, 인구구조의 변화(고령화)에서 주로 기인함을 인정

---

24 앞 절 고든의 내용 참고

하고 있으나 두 가지 면에서 앞서 설명한 기술회의론자들과 다른 입장을 취하고 있다. 즉, 4차 산업혁명의 성장 기여도에 대해 부정론보다는 긍정론을 주장하는데 그 요점은 다음과 같다.

◈ 어떤 행위와 그 결과 사이에는 시차(time lag)가 존재하게 되므로 4차 산업혁명이 일으키게 될 사회경제적 변화가 생산성 증가를 결과하는지 여부를 확인하려면 일정 시간이 경과해야 하는데 슈밥은 4차 산업혁명이 현재 진행 중이며 이제[25] 막 인류는 그 긍정적인 영향력을 다음과 같이 체험하고 있다고 주장한다.[26]

(1) 핵심기술과 초연결성으로 인해 기존 3차 산업혁명의 외곽에 존재하며 소외되었던 저개발국 국민들의 광범위한 needs가 추가적으로 세계 경제에 반영될 기회가 생길 것이며 이는 세계 경제 차원에서 큰 폭의 수요를 새로 발생시키게 될 것이라는 것이다.

(2) 4차 산업혁명의 빠르고 깊고 넓으며 시스템적인 기술의 발전으로 이전에 통제하기 어려웠던 부정적 외부효과(externality)를 제어할 수 있게 됨은 물론 관련 분야의 산업화를 촉진함으로써 경제성장에도 긍정적인 효과를 기할 수 있게 되리라는 것이다. 여기서 외부효과란 특정인의 경제적 활동이 제3자에게 의도하지 않은 편익이나 비용을 발생시키지만 그에 대한 보상이나 대가는 지불하지 않는 것을 의미하는데 슈밥은 특정 기업(산업)의 탄소배출로 인한 사회적 비용과 기후변화를 예로 들며 4차 산업혁명의 혁신적 기술력으로 이 문제를 완화 내지는 해결함으로써 환경문제의 해결뿐 아니라 해당 기술력을 활용하는 신산업의 태동과 성장으로 궁극적으로 경제성장에도 기여할 수 있을 것으로 주장한다.

(3) 자신이 접한 수많은 비즈니스, 정부, 시민사회의 리더들이 공통적으로 디지털 기술의 효율성을 완전히 실현시킬 수 있는 조직의 건설에 공감하며 이를 위해 노력

---

25 2016년경을 의미한다.
26 Klaus Schwab(2016), 『제4차 산업혁명』, 메가스터디BOOKS, pp.63~64.

할 의지가 있으므로 곧 가시적 성과가 있을 것이라는 것이다.

◈ 4차 산업혁명에 의해 산출되는 제품과 서비스는 이전과는 다른 유통경로 (이를테면 플랫폼, 모바일 앱)를 통하는 경우가 많은데 이는 지금까지와는 전혀 다른 경로이기 때문에 기존의 생산성 지표가 실제 가치를 정확하게 반영하지 못할 수 있다는 것이다.

예를 들면 우버(Uber)와 같이 플랫폼과 앱을 기반으로 하는 혁신적인 차량 공유 서비스는 일종의 정보재(information goods)로서 초기 생산 또는 개발비용 외에 재생산 비용이 거의 들지 않는 특성상 한계비용이 0(Zero)에 수렴하게 되고 이는 실제로 서비스 제공가격을 극단적으로 낮춰 비용 대비 산출하는 가치가 매우 크게 증가함에도 불구하고 기존의 생산성 지표가 이를 제대로 반영하지 못한다는 것이다.[27]

| 그림 2-13 | **러시아의 우버택시**

출처: 위키피디아

----

27 예컨대 자동차의 빈자리, 남는 방 등 4차 산업혁명기의 공유경제 서비스는 추가되는 서비스임에도 한계비용이 0에 가까우므로 거래비용을 크게 줄여 참여자 모두에게 큰 이익을 준다는 것이다.

즉, 전통적인 생산성 측정방식으로는 4차 산업혁명의 혁신의 성과를 과소평가할 수 있다는 것이다. 결론적으로 슈밥은 4차 산업혁명기에 나타나는 구조적인 요소(과중한 부채와 고령화 사회)와 시스템적 요소(플랫폼, 한계비용 감소에 따른 영향력 증대)를 결합하는 방식으로 경제 논리를 새롭게 재정립함으로써 생산성의 역설(productivity paradox)[28] 문제를 해명할 수 있다고 주장하고 4차 산업혁명은 궁극적으로 생산성을 고취시키고, 성장을 유도하고 기타 세계적 문제를 일정부분[29] 해결할 수 있다고 주장하였다.

나. 산업, 경제

(1) 4차 산업혁명기의 디지털 전환의 가속화에 따라 산업 전반에 데이터, 정보, 지식의 축적과 활용 여부가 새로운 경쟁우위로 부각될 것이다.

(2) 4차 산업혁명기에는 개별기술의 빠른 발전과 초지능, 초연결로 산업 간, 업종 간, 부문 간 영역과 경계가 무너지고 상호 융합하게 되므로 서로 다른 종류의 산업 간 상호 진출 또는 전략적 제휴를 통한 새로운 형태의 산업이 등장할 가능성이 크다.

(3) 특히 연결의 핵심내용인 상품 및 서비스를 소비자와 공급자가 온라인상에서 거래할 수 있도록 조성된 디지털 중개자(digital matchmaker)로서의 역할을 갖는 플랫폼 산업이 전방위적으로 확산될 것이다.

(4) 대량생산과 과소비의 결과로 나타나는 경제적 잉여를 실제 필요로 하는 소비자가 소유가 아닌 공유(sharing)를 통해 최대한 활용할 수 있게 하는 공유경제(sharing economy)[30] 또한 확대될 것이다.

(5) 플랫폼과 기술력을 가진 기업이 수요자의 요구에 즉각 대응하여 제품 및 서비스를 제공하는 개념인 온디맨드 경제(on-demand economy)의 활성화는 4차 산업혁명기의

---

28 과학기술의 혁신에도 불구하고 생산성의 향상으로 연결되지 않는 현상
29 예를 들면 탄소배출 문제 해결을 위한 재생에너지 분야에 뛰어난 기술들이 개발되면서 부가가치 창출로 성장에 기여함과 동시에 탄소배출로 인한 이상기후 문제 해결에도 공헌을 한다.
30 물건이나 공간, 서비스를 빌리고 나눠 쓰는 인터넷과 스마트폰 기반의 사회적 경제 모델

디지털 네트워크를 기반으로 함으로써 비로소 규모의 경제를 실현하고 주류적 산업 (mainstream)으로 자리매김하여 성장, 발전할 것이다.

다. 노동과 고용

4차 산업혁명은 빠른 기술적 진보로 인한 성장의 잠재성과 그로 인해 많은 새로운 일자리가 창출될 것이라는 낙관적 전망에도 불구하고 노동, 고용시장에 부정적 영향을 끼칠 것이라는 주장도 적지 않게 실재한다. 즉, 기계, 자동화, 기술 등이 인간의 노동력을 광범위하게, 빠르게 대체하게 될 것이라는 우려인데 현실 세계에서는 이미 컴퓨터가 콜센터 안내원, 캐셔(cashier), 고객 서비스 담당자 등이 하는 일을 대체해 가고 있으며 다양한 산업분야에서 다양한 대체 시도가 활발하게 이루어지고 있다.

| 그림 2-14 | **직무의 숙련도와 정형화 정도에 따른 기술 대체 가능성**

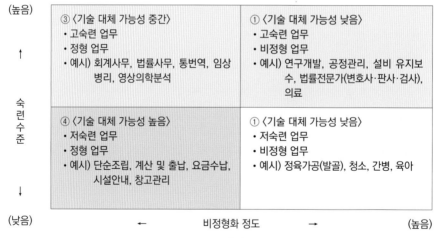

출처: 4차 산업혁명 미래 일자리 전망, 고용정보원, 2017

또한 향후 인공지능 및 빅데이터와 관련한 기술의 진보와 초연결, 초지능 등 4차 산업혁명의 특징으로 인해 노동과 고용에 대해 그 속도와 폭 측면에서 쌍방향(일자리 신규 창출

vs 일자리 소멸)으로 더 파괴적인 변화가 있을 것임을 예상케 하고 있다.

인공지능을 활용, 자동화된 제조공정을 구현한 spicy 샐러드바

출처: 구글

　예상되는 파괴적인 변화가 대량실업 등 소위 역(逆)산업혁명(deindustrial revolution)[31]을 결과하게 될지 아니면 궁극적으로 인류 문명의 발전을 촉진하고 인간의 삶의 질을 개선할지에 대해서는 여러 의견이 존재한다. 즉, 4차 산업혁명 기술의 진전이 인간의 노동과 고용 문제에 어떻게 작용할 것인지 대해서는 부정적인 견해와 긍정적인 견해가 함께 존재한다는 의미이다.

　한편에서는 4차 산업혁명기에는 디지털 전환(digital transformation)의 전면화와 핵심 기술인 인공지능, 빅데이터, 사물인터넷 등의 비약적인 발전으로 인해 인공지능이나 로봇 등이 인간의 노동을 속도와 범위 면에서 광범위하게 대체하게 됨으로써 고질적이고 만성적인 실업의 상태가 유발될 것이라 주장하고 있다.

31　산업혁명의 경제적 귀결이 산업 기반을 외려 침체시키는 경우를 의미한다.

반면에 다른 한편에서는 4차 산업혁명기에 태동하고 발전하는 분야의 인력수요가 기본적으로 증가하고 과거 산업혁명기의 역사적 경험에 비추어볼 때 4차 산업혁명 역시 혁신에 따른 새로운 일자리를 창출함으로써 소멸하는 기존 일자리의 공백을 충분히 메울 것이라는 낙관론을 펴기도 한다.

이를 간단히 정리하면 다음과 같다.

◈ 테크노 낙관론[32]

기술발전의 파괴적 효과와 자동화 등으로 야기되는 자본의 노동 대체현상의 심화로 생산성이 증가하나 반면 일자리는 없어지고 대량실업이 유발된다.

◈ 테크노 비관론[33]

로봇과 인공지능이 비약적으로 발전했음에도 불구하고 거시경제에 미친 영향은 크지 않고 기계와 인간 사이의 상호작용의 변화도 느리며 기술이 일자리를 줄이는 것보다 늘리는 속도가 빨라 총량적인 일자리는 늘어난다.

고든(Gorden)은 그의 연구[34]에서 2009년 10% 수준이던 미국의 실업률이 (산업혁명이 진행됨에도 불구하고) 2015년 5.3% 수준으로 빠르게 떨어졌고 로봇과 인공지능 등이 인간을 대체했다 하더라도 그로 인한 생산성 증가가 뚜렷하게 확인되지 않는 점을 들어 기술의 빠른 발전이 대량실업을 결과할 것이라는 인과관계를 부정하였다. 그는 다가오는 4차 산업혁명기에 진짜 문제는 대량실업이 아니라 중간급의 좋은 일자리가 사라지는 것(대체되는 것)이라 보았으며 이는 단지 4차 산업혁명의 영향뿐 아니라 세계 경제의 글로벌화와 해외로의 아웃소싱(outsourcing) 등이 결합된 결과로 판단했다.

---

32 로버트 J. 고든(2017), 『미국의 성장은 끝났는가?』, 생각의힘, p.853.
33 로버트 J. 고든(2017), 『미국의 성장은 끝났는가?』, 생각의힘, p.853.
34 로버트 J. 고든(2017), 『미국의 성장은 끝났는가?』, 생각의힘, p.853.

| 그림 2-16 | 4차혁명에, 일자리는⋯ 줄어든다? 상관없다?

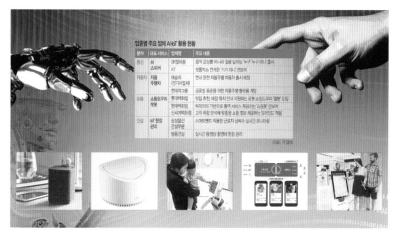

출처: 국민일보, 2017년 09월 18일 기사

♦ 로봇에 일자리 뺏길 위험, 육가공업이 1위⋯ 안 뺏길 직업은?

로봇이 가장 먼저 일자리를 뺏을 직업은 육가공업 종사자로 조사됐다.

스위스 로잔 연방공대의 로봇 공학자 다리오 플로레아노 교수와 로잔대의 경제학자 라파엘 라리브 교수는 국제 학술지 '사이언스 로봇공학' 최신호에서 "도축과 정육 포장업 종사자가 로봇에 일자리를 뺏길 위험이 가장 큰 직업"이라고 발표했다. 이어 섬유 · 의류 다림질과 농산물 선별, 수위 · 미화, 환자 이송, 상품 포장, 식당 서빙, 주방 보조, 가사도우미, 세차 순으로 직업 안전성이 약했다.

연구진은 미국 직업 데이터베이스에서 일자리마다 필요한 기술, 지식을 찾아 현재 로봇의 기술성숙도와 비교했다. 그 결과 육가공이나 섬유 · 의류 가공이 자동화가 가장 용이한 분야로 조사됐다.

| 그림 2-17 | KAIST 연구진이 개발한 '알버트 휴보'

출처: KAIST

반면 물리학자는 대체될 위험이 가장 적은 직업으로 조사됐다. 그 다음으로 신경과 전문의, 예방의학 전문의, 심리학자, 임상병리 전문의, 수학자, 기업 임원, 외과의사, 분자세포생물학자, 임상역학 전문의 순이었다. 과학·의학 관련 직업은 로봇이 대체하기 어렵다는 말이다.

앞서 세계경제포럼(WEF·다보스포럼)은 인공지능(AI) 활용이 보편화하는 이른바 '로봇 경제' 출현으로 2025년까지 일자리 7500만 개가 로봇으로 대체될 것이라고 예상했다. 사라질 위험이 가장 큰 분야로는 회계, 데이터 입력 등 사무직종이 꼽혔다. 또 세계적으로 줄어드는 일자리보다는 새로 생기는 것이 배 가까이 될 것이라고 밝혔다.

하지만 스위스 연구진은 "과거 연구는 대부분 대화, 영상 인식 등 소프트웨어 로봇 중심이었다."며 "이번에는 인공지능 소프트웨어뿐 아니라 물리적 작업을 하는 지능 로봇도 포함해 직업마다 필요한 기술을 실제 로봇과 비교했다"고 밝혔다.

연구진은 같은 방법으로 로봇에 일자리를 뺏길 위험이 큰 직업 종사자에게 대안의 직업도 제시했다. 기준은 기존 직업에서 익힌 기술을 재활용할 수 있고 재교육 노력을 최소화하는 것이었다. 이를테면 도축과 정육포장 종사자는 섬유 가공 관련 업종으로 전직(轉職)하는 것이 가장 쉽고, 식당 서빙 종사자에게는 매장 재고 관리가 재교육 부담이 가장 적은 대안으로 제시됐다.

조선일보, 인터넷판 기사, 2022.4.18

한편, 슈밥(Schwab)은 일정 기간 고용에 대한 비관론과 낙관론이 교차하겠지만 역사적 고찰을 통해 인류가 새로운 기술의 등장과 기존 질서의 파괴 그리고 그에 따른 일자리의 감소 등을 대체 일자리나 신규 기술과 연관된 새로운 일자리를 통해 극복해 왔음을 설명하며 다음과 같은 단계로 4차 산업혁명기의 새로운 고용창출이 가능하다는 낙관적 견해를 피력하였다.

- ◈ 1단계: 신기술이 궁극적으로 생산성을 높이고 성장을 촉진해 새로운 부를 창출
- ◈ 2단계: 새로운 부가 재화와 서비스에 대한 수요를 증대시킴
- ◈ 3단계: 이들 수요를 충족시켜 줄 새로운 일자리가 결국 창출됨

다만 4차 산업혁명을 통해 생겨나는 일자리는 아무래도 디지털 기술 분야로 편중되기 쉽고 디지털 산업의 고부가가치화로 인해 소수의 좋은 일자리와 큰 부자들을 만들어내겠지만 한편으로는 플랫폼 경제의 확산과 이에 기반하는 다수의 일자리가 주로 정규직 일자

리가 아닌 경우가 많아[35] 임금과 복지 면에서 불리한 일자리가 양산되는 등 일자리의 양극화 현상이 심화될 가능성이 크다는 전망도 제기된다. 일자리 총량은 늘어날 수 있으나 일자리의 질이나 안정성 부문에서 근로자 입장에서는 부담을 안을 가능성이 크다는 것이다.

표 2-2 향후 수요 증가 직업군과 수요 감소 직업군(2020년 기준)

	수요 증가 직업군	수요 감소 직업군
1	data analysts and scientists 데이터 분석가 및 과학자	data entry clerks 데이터 입력 사무원
2	AI and machine learning specialists 인공지능 및 기계 학습 전문가	administrative and executive secretaries 행정직 비서
3	big data specialists 빅데이터 전문가	accounting, bookkeeping and payroll clerks 회계 및 부기, 급여 사무원
4	digital marketing and strategy specialists 디지털 마케팅과 전략 전문가	accountants and auditors 회계 및 감사직원
5	process automation specialists 공정 자동화 전문가	assembly and factory workers 조립 및 공장 노동자
6	business development professionals 비즈니스 개발 전문가	business services and administration managers 비즈니스 서비스 및 행정 관리자
7	digital transformation specialists 디지털 트랜스포메이션 전문가	client information and customer service workers 고객 정보 관리 및 고객 서비스 직원

출처: World Economic Forum, The Future of Jobs Report 2020, p.30.

---

35 긱경제(gig economy): 단기계약 또는 프리랜서의 특징을 지니는 노동시장(위키피디아)

라. 기업, 소비자

4차 산업혁명은 디지털 역량을 기반으로 한 신기술과 특유의 작동방식[36]으로 인해 그 전개속도가 기하급수적으로 빠르게 개인, 경제, 기업, 사회의 패러다임을 바꾸고 있으며 사회 전체 시스템의 변화를 수반하게 하는데 이는 기존 패턴과 완전히 구분되는 전방위적인 혁명을 의미하므로 기업 역시 성장 속도와 규모 면에서 유례없는 변화에 직면해 있다고 할 수 있다.

인류는 "큰 것이 작은 것을 잡아먹는 것이 아니라 빠른 것이 느린 것을 잡아먹는"[37] 변화의 속도가 생존을 결정하는 시대에 이미 살고 있으며 기업은 현대 자본주의 문명의 총아라 할 수 있으므로 기업 역시 이러한 4차 산업혁명의 한가운데서 빠르게 변화하고 적응해야 한다는 것이다.

매킨지 보고서에 따르면 S&P 500대 기업 평균 수명이 1935년에는 90년이었으나, 1975년 30년, 2015년에는 15년까지 단축됐다.[38] 그만큼 변화와 그에 따른 기업의 부침이 극심해지고 빨라지고 있으며 그 수명이 짧아지고 있는 것이다.

| 그림 2-18 | S&P 500대 기업의 예상 평균 수명(기업 생존 여부에 근거)

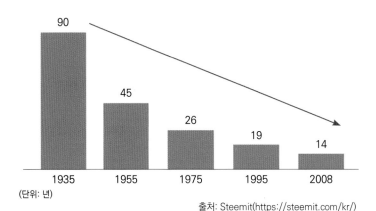

(단위: 년)

출처: Steemit(https://steemit.com/kr/)

36 초연결, 초지능, 초융합
37 제이슨 제닝스, 로렌스 호프론 공저(2001), 『큰 것이 작은 것을 잡아먹는 것이 아니라 빠른 것이 느린 것을 잡아먹는다.』, 해냄.
38 한국일보, "디지털 경제와 일의 미래", 2019.11.12.

이러한 와중에 가치사슬(value chain)[39] 각 단계마다 새로운 기술[40]을 도입하고 접목하여 파괴적 혁신을 일으킨 기업은 그렇지 못한 기업을 추월하는 일이 수월해졌고 이러한 기업들이 플랫폼(platform)을 활용하여 소비자와 원활하게 연결할 경우 기존 기업을 제치고 거대기업으로 성장할 수 있는 가능성이 빠르게 열리게 된 것이라는 것이다. 디지털화된 데이터, 정보, 지식이 연결되고 융합되는 4차 산업혁명 시기에 나타나는 변화의 양상들로 이를 상징적으로 보여주는 예가 우버(Uber)와 테슬라(Tesla)라 할 수 있다.

| 그림 2-19 | **우버와 기타 자동차 제조회사 시가총액 비교(2022.3.4 기준)**

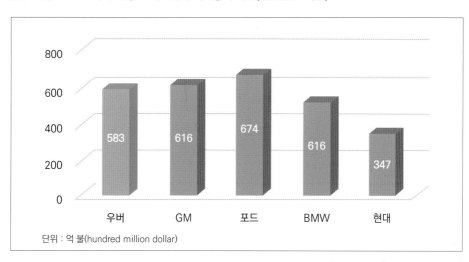

단위 : 억 불(hundred million dollar)

출처: 미스터캡(www.mrktcap.com)

2009년 샌프란시스코에서 창립한 차량공유 플랫폼 회사인 우버의 시가총액이 세계 유수의 자동차 제조회사의 시가총액과 거의 동등한 수준을 보여주고 있고 2003년 창립 후 자율주행 기능을 결합한 전기자동차를 생산하는 테슬라의 시가총액은 미국 자동차 제조 빅2 즉, GM, 포드는 물론 도요타, 폭스바겐, BMW까지 모두 합친 시가총액보다 더 크다.

---

39 가치사슬은 기업에서 경쟁전략을 세우기 위해, 자신의 경쟁적 지위를 파악하고 이를 향상시킬 수 있는 지점을 찾기 위해 사용하는 모형이다. 가치사슬의 각 단계에서 가치를 높이는 활동을 어떻게 수행할 것인지 비즈니스 과정이 어떻게 개선될 수 있는지를 조사하여야 한다.(위키백과)
40 Klaus Schwab(2016), 『제4차 산업혁명』, "2장 표 3-1" 참고: 총 26개의 혁신기술을 언급, 메가스터디BOOKS.

| 그림 2-20 | 테슬라와 내연기관 자동차 제조사 시총 비교(2022.3.4 기준)

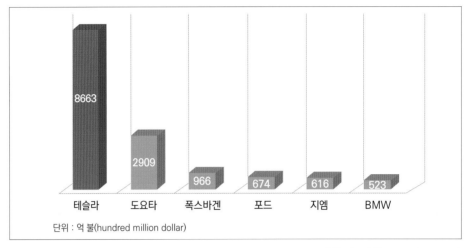

단위 : 억 불(hundred million dollar)

출처: 미스터캡(www.mrktcap.com)

한편 4차 산업혁명기에는 빠르게 진행되는 디지털 전환으로 수많은 정보, 데이터, 지식이 연결되고, 융합되어 축적할 수 있게 되므로 기업은 데이터를 활용하여 기업자산의 운영 효율성을 제고할 기회를 갖게 됨은 물론 이전과는 비교할 수 없을 정도로 소비자의 행동에 대한 통찰력을 갖게 되므로 이를 제품 생산, 가공, 유통, 마케팅 등 기업 활동 전반에 접목하여 혁신을 일으킬 수 있다.

반면 소비자 역시 디지털화되어 쉽게 접근할 수 있는 광범위한 데이터를 활용, 기업이 생산하는 제품과 서비스에 대해 더 정확하고 분명한 비교를 하고 이를 토대로 구매의사 결정을 진행할 것이며 이와 같은 일련의 과정은 디지털화된 네트워크를 통해 실시간 공유될 것이므로 소비자의 이러한 능동적 전환도 기업의 혁신에 주요한 동인이 될 것이다.

즉, 디지털 네트워크와 모바일, 데이터 위에 구축된 새로운 패턴의 소비자 행동양식이 기업 대응방식의 전환을 요구한다는 것이다.

본 절에서는 이상과 같이 4차 산업혁명이 사회, 경제 전반에 일으킬 변화를 개괄하여 살펴보았다. 4차 산업혁명기는 디지털화의 가속과 함께 보다 새롭고 다양하게 기술이 결합하여 보다 복잡한 형태를 지향하는 전환이 이루어지는 시기로 그 속도와 범위 그리고 사회 전체에 미치는 충격 측면에서 이전 대비 차별화된 특징을 갖는다고 하겠다. 지금까지 개괄한 내용을 요약하면 다음의 표와 같다.

표 2-3 4차 산업혁명과 분야별 변화양상

구분	내용
(경제)성장	4차 산업혁명으로 인한 생산성의 향상 또는 성장의 지속성에 관해 일부 회의적인 분석이 있으나 4차 산업혁명은 진행 중이므로 궁극적으로 생산성의 향상을 기할 수 있다는 시각도 존재함
산업, 경제	디지털 전환으로 가능해진 플랫폼, 공유경제가 규모의 경제를 실현하며 확장할 것이며 디지털화된 데이터, 지식, 정보의 차별성이 주요 비교우위로 대두될 것임
노동. 고용	고용의 유지 확대와 관련해 낙관론과 비관론이 병존하나 역사적 경험을 토대로 낙관적 전망이 필요함. 단, 일자리의 양극화 문제는 존재할 것으로 예상
기업, 소비자	1. 기업: 가치사슬 각 단계별로 디지털화된 기술을 도입함으로써 파괴적 혁신을 추구해야 함. 디지털화한 데이터를 활용, 기업자산의 운영 효율성 제고를 기함 2. 소비자: 축적된 방대한 양의 데이터를 활용하고 공유함으로써 합리적 소비가 가능해지고 기업의 대응방식을 바꿀 것임

2. 외식산업의 성장

우리나라 외식산업의 성장과 관련하여 아래와 같이 그 요인을 분석해 보기로 한다.

1) 소득의 증가

일반적인 경제학에서 소비는 기본적으로 소득의 함수이다. $C=f(Y)$ 즉, 소비의 양은 가처분소득에 수렴한다는 의미로 소득의 증가는 소비를 촉진시킨다.

경제개발이 본격화하면 소득이 빠른 속도로 증가하면서 소비가 늘고 경제구조도 점차 고도화되는데 이 과정에서 소비지출의 많은 부분이 점점 서비스 수요로 옮겨 가는 현상을 우리는 국민경제의 서비스화라 말한다.

즉, 소득수준이 향상됨에 따라 소득탄력성이 보다 높은 서비스 수요가 더 빠르게 증가하므로 관련 산업의 비중이 커지고 한편으로는 고령화 및 여성 경제활동 참여 확대 등으로 가계 내 생산비용이 높아져 이를 시장서비스로 대체해 나가는 현상이 지속적으로 발생하게 되는데 이를 통해 국민경제 전반이 서비스 경제화로 진행된다는 것이다. 이 논리에 의하면 가처분소득의 지출 배분에 있어 외식과 같은 서비스 수요의 비중이 커지는 것은 국민경제적 차원에서 자연스러운 현상이라 할 수 있다.

한국은 1960년대 이후 성공적인 경제개발에 따라 국민소득은 가파르게 증가하였다. 1960년 약 20억 달러 수준의 국내 총생산(GDP)은 2019년 1조 6천억 달러를 기록, 약 800배의 증가율을 보였으며 2019년 기준 전 세계 10위권의 경제 대국으로 부상하였다.

| 그림 2-21 | **국내 총생산 연도별 추이**

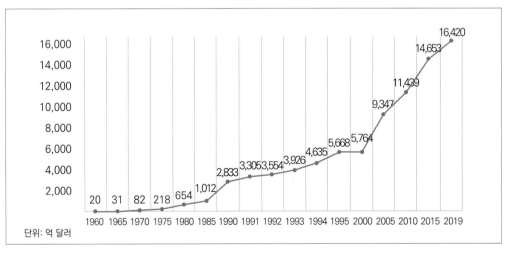

단위: 억 달러

출처: 통계청

이에 따라 1인당 국민소득도 가파르게 증가했는데 1970년 253달러에 불과하던 인당 국민소득이 2019년 기준 32,000달러를 기록, IMF 자료 기준 세계 29위 수준으로 성장하였으며 특히 전 세계 7개국만 달성한 '30−50 클럽' 국가(인구 5,000만 명을 초과하면서 1인당 GDP가 30,000달러를 넘어서는 국가)로 인정받는 등 급격한 경제성장의 결과 질적, 양적으로 국민 개개인의 소득향상이 매우 빠르게 진전되었다.

| 그림 2-22 | **연도별 1인당 국민소득 추이**

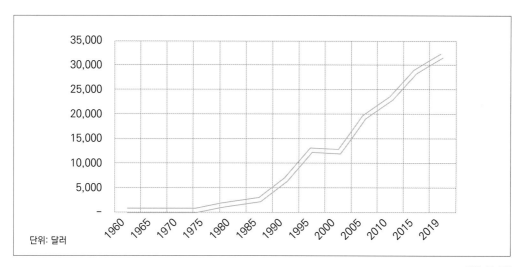

출처: 통계청

| 그림 2-23 | **인구 5,000만 명 이상, 인당 국민소득 30,000달러 이상 국가, 국가별 국내 총생산 규모**

◆ 세계 국내 총생산(2019년 기준)

국가	총생산
미국	21조 4277억
중국	14조 3229억
일본	5조 818억
독일	3조 8462억
영국	2조 8271억
프랑스	2조 7080억
이탈리아	2조 12억
캐나다	1조 7363억
러시아	1조 6999억
한국	1조 6422억

출처: OECD(단위: 달러)

◆ 30-50 클럽

국가	3만 달러 진입시기	인구
미국	1996년	3억 2,909만
독일	2004년	8,243만
프랑스	2004년	6,548만
일본	1992년	1억 2,685만
영국	2004년	6,696만
이탈리아	2005년	5,922만
한국	2017년	5,181만

출처: 세계은행(단위: 명)

이러한 소득의 급격한 상승은 국내 외식산업의 태동과 발전에 가장 기본적인 물적 토대를 제공하는 것으로 많은 실증적 연구는 소득과 소비(외식)의 인과관계가 정의 관계임을 논리적으로 입증하고 있다. 게다가 4차 산업혁명 시대에는 이러한 국민경제의 서비스화 경향이 촉진될 가능성이 더욱 크다.

왜냐하면 일반 제조업 부분이 상대적으로 급속히 자동화, AI화되면서 생산성 향상이 더욱 급격하게 이루어지고 인간들은 유휴시간이 늘어갈 것이므로 이를 메워줄 서비스 부문의 성장이 더욱 가속화될 것이기 때문이다.

또한 4차 산업혁명의 핵심기술인 AI, 빅데이터, 사물인터넷 등이 사람과 사물을 초지능화하고 초연결과 초융합을 반복하며 지속적으로 축적되어 가는 과정에서 서비스 플랫폼이 더욱더 고도화될 것이기 때문이기도 하다. 이외에도 4차 산업혁명 시기의 두드러진 도시화, 고령화 현상도 사회 전반 서비스 재화의 수요를 강하게 요구할 것이기 때문이다.

| 그림 2-24 | 1인당 국민소득과 외식산업 매출액 추이

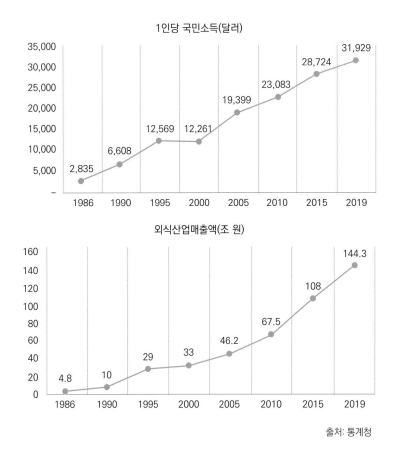

출처: 통계청

2) 가계 생산(household production)능력의 감소

저출산과 고령화의 진전 및 여성의 경제활동 참여 그리고 1인 가구의 보편화 등으로 가계 내 생산여력이 감소하게 되는데 이는 가계 내 생산성을 약화시켜 생산비용을 증가시키므로 전통적으로 가계 생산(household production)의 고유 영역으로 간주되어 온 식사 준비, 육아 및 돌봄 서비스, 세탁 등의 외부화(externalization)가 촉진되고 이는 특정 시장 또는 산업 성장의 기반 수요를 형성하게 된다는 것이다.[41] (외식업, 세탁대행업, 유치원, 어린이집 등)

3) 가계 노동의 사회화(socialization of household work)

가계 생산능력의 감소가 외식산업 성장의 수요 측면에 관한 이론적 설명이었다면 가계 노동의 사회화 개념은 가계의 욕구 충족 대상인 재화와 용역을 가계 생산이 아닌 시장을 통해 구입하는 동기를 가계 내 생산성의 저하보다는 가계 외부 기업의 압도적 생산성 및 효율성의 우위로 설명하는 이론이다.

즉, 기업의 (가계 대비) 경쟁력의 우위로 인해 식사 준비, 육아 및 돌봄 서비스, 세탁 등 가계 내 활동이 외식, 유치원, 세탁업 등의 형태로 시장서비스로의 대체가 활발해진다는 것이다.

외식은 레저, 관광 등과 함께 소비의 거대한 변화를 상징하는 분야이다. 인류의 출현과 더불어 시작된 유구한 식생활 역사에 비해 산업화된 외식의 본격적인 등장은 비교적 최근이라 할 수 있으나 전술한 국민경제의 서비스화 추세에 따라 그 발전 속도는 매우 빠르게 진행되어왔다.

가계의 소비지출에서 전통적인 비(非)서비스 지출 부문을 대표하는 것이 식료품이라면

---

41 게리 베커(Gary Becker)의 가계생산이론(household production theory)에 따르면 가계는 구성원의 노동과 시간을 결합, 가계 생산을 하며 가계는 시간을 시장노동-가계 생산-여가에 적정하게 배분(allocation), 효용을 극대화하려 한다.

서비스 지출 부문의 대표주자는 외식이라 할 수 있는데 외식산업의 눈부신 성장의 이면에는 소득향상이라는 물적 토대에 가계 내부의 필요성과 가계 외부의 대체능력 향상의 결합이라는 구조가 자리 잡고 있다고 볼 수 있다.

| 그림 2-25 | **외식산업 발전의 메커니즘**

3. 외식산업 환경의 변화

1) 인구/가계 구조의 변화

4차 산업혁명 주창론자인 클라우스 슈밥(Klaus Schwab)은 4차 산업혁명의 주요 변화 동인, 즉, 해당 혁명을 촉발시키는 주요 요인으로 전면적 디지털화라고 하는 기술적 요인 이외에 노령화 사회, 여성의 경제적 능력, 도시화 등 사회경제학적 요인 등을 꼽았다.[42]

---

42 World Economic Forum, The Future of Jobs Report 2016, p.8.

4차 산업혁명기를 관통하는 인구 및 가계 구조의 큰 변화는 거대한 흐름으로서의 메가 트렌드(mega-trend)로 슈밥의 표현대로 4차 산업혁명의 변화 동인으로 작용하며 산업지형에 큰 영향을 미칠 것으로 예상되는데 인구/가계 부문의 변화 방향은 아래와 같이 추정된다.

표 2-4 인구/가계 구조의 변화

인구 부문		가계 부문	
구분	내용	구분	내용
인구수	추세적 감소	가구 규모	1, 2인 가구의 압도적 대두
인구 성장률	추세적 감소	가구 수	폭발적 증가
합계 출산율	추세적 감소	가구 형태	전통적 가구형태 소멸
출생아 수	추세적 감소		非정형가구[53]의 증가
인구 구성비	생산 인구[52] ↓, 노령인구 ↑		
부양비율	추세적 상승		
노령화 지수	추세적 증가		
조혼인율	추세적 감소		
중위 연령	추세적 상승		
도시화율	추세적 증가		
분거비율	추세적 증가		

상기 표에서도 확인할 수 있는 것처럼 인구와 가계 부문에 있어 향후 우리나라는 다음과 같은 변화가 예상된다.

◈ 절대 인구수의 감소

◈ 저출산과 고령화의 가속화

43　부부 자녀 또는 3대 이상의 세대로 구성된 전통적 가족 형태에서 벗어난 다양한 가구 형태
44　생산 활동을 할 수 있는 연령의 인구 보통 15세-64세 사이의 인구를 지칭

◈ 도시화와 분거(分居)의 추세적 증가

◈ 1, 2인 가구가 전체 가구에서 차지하는 비중은 계속 증가

◈ 가구 수는 대폭 늘어남

◈ 대가족 가구나 핵가족은 감소하고 비(非)정형가구는 빠르게 증가

우리가 외식산업의 전망과 관련하여 4차 산업혁명기 인구/가계 구조의 변화에 대해 주목하는 이유는 여타 요인과 함께 그 구조의 변화가 외식산업에 미치는 영향이 적지 않을 것으로 판단하기 때문이며 전략적 선택에 시사점을 제공할 수 있으리란 기대 때문이다.

가. 인구의 절대적 규모 또는 생산가능인구의 감소

생산가능인구 또는 인구의 절대적 규모 감소는 저성장과 산업 전반의 수요를 감소시키는 것을 의미하므로 외식수요 역시 부정적 영향을 받을 것으로 예상된다. 우리나라의 인구는 2030년 5,193만 명을 정점으로[45] 감소세로 전환한 후 지속적으로 하락, 2060년에는 4,000만 명 수준까지 떨어질 것으로 예상되며 인구학적 측면에서 향후 외식업의 전망은 수요 감소의 영향으로 부정적일 것으로 전망된다. 인구는 경제성장의 중요 요소이다. 특히 생산가능인구의 감소는 일할 사람이 줄고 이들이 부양해야 할 노령층 인구가 늘어나는 것을 의미하므로 국민경제 전체적 측면에서 부양의 부담 등으로 소비가 줄고 경제성장은 둔화되며 경제 활력은 떨어지게 된다. 우리나라의 생산가능인구는 2015년 전체 인구의 73.4% 수준으로 정점을 찍고 급격히 감소하여 2065년에는 45.9%까지 하락, 노령층 인구와 비슷한 수준에 이르러 산업 전반에 부정적인 충격을 줄 것으로 예상되며 외식업도 예외가 될 수 없을 것으로 보인다.

---

45 현실은 2020년부터 이미 인구 감소세가 진행되고 있다.

| 그림 2-26 | **한국 인구수 추이**

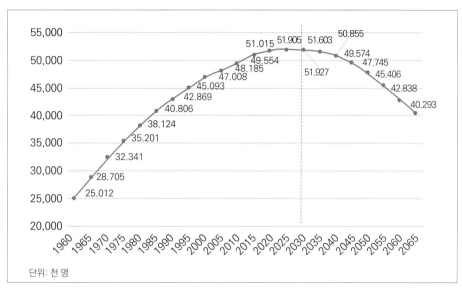

단위: 천 명

출처: 통계청

| 그림 2-27 | **유소년층, 생산가능인구, 고령인구 추이**

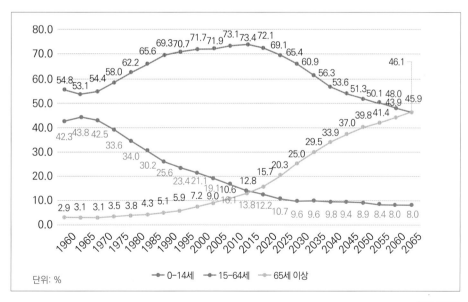

단위: %

─●─ 0-14세 ─●─ 15-64세 ─○─ 65세 이상

출처: 통계청

| 그림 2-28 | 인구절벽: 미국의 금융 전문가이자 작가인 해리 S. 덴트(Harry S. Dent)가 그의 저서 The Demographic Cliff(2014)에서 인구절벽이란 용어를 사용하였다. 인구가 급격히 감소하기 시작하는 때를 일컫는 용어로 우리나라는 2018년을 기점으로 인구가 감소하기 시작했다.

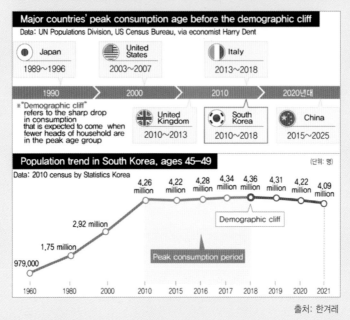

출처: 한겨레

인구절벽이 곧 '소비 절벽'으로 이어지는 건 미국과 일본이 이미 경험한 바다. 미국의 소비정점은 2003~2007년으로 금융위기 폭발 직전까지였다. 일본의 소비정점 기간은 1989~1996년이었다. 1989년 이래 일본의 장기불황과 미국이 진앙지가 된 2008년 금융위기도 인구절벽에 따른 소비지출 추락이 중요한 요인이라는 얘기다. 헨리 S. 덴트가 주택 등 여러 상품의 미래 가격을 가늠하는 척도라고 주장하는, 우리나라 45~49살 인구를 보자. 통계청의 장래인구추계(2010)를 보면, 이 연령대는 1960년 97만 7천 명에서 꾸준히 증가해 2018년에 정점에 이른 뒤 이후 가파른 감소세('인구절벽')로 돌아선다. 이 인구는 2000년 292만 1천 명에서 올해 422만 5천 명으로 늘어난다. 이어 2018년 436만 2천 명까지 증가해 정점을 찍은 뒤 2019년(431만 7천 명)부터는 감소 추세로 돌아서 2020년 422만 1천 명으로 떨어지고 2022년엔 396만 명으로 400만 명대가 무너진다.

출처: 한겨레신문, 2015년 6월 15일

※ 인구절벽(人口絕壁)은 어느 순간을 기점으로 한 국가나 구성원의 인구가 급격히 줄어들어 인구 분포가 마치 절벽이 깎인 것처럼 역삼각형 분포가 된다는 내용이다. 주로 생산가능인구(만 15~64세)가 급격히 줄어들고 고령인구(만 65세 이상)가 급속도로 늘어나는 경우를 말한다.(나무위키)

| 그림 2-29 | 45~49세 인구추이

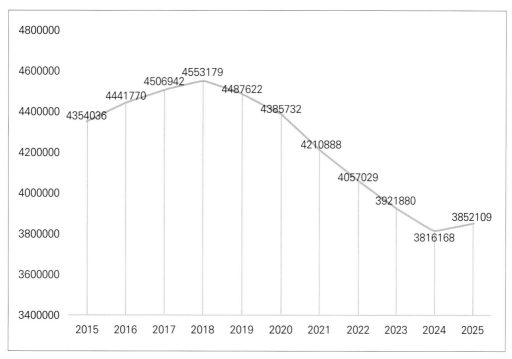

출처: 통계청, 장래인구추계, 2021.12

나. 1, 2인 가구의 급격한 증가

1, 2인 가구의 급속한 증가와 더불어 전통적인 대가족 가구 및 핵가족 가구의 큰 폭의 감소 등으로 인해 나타나는 주도적 가계 유형의 변화는 가계 소비의 질적인 변화를 초래한다. 가계는 소득이라는 기본제약 조건하에서 효용충족을 위해 각 소비 비목별로 소득을 배분하게 되는데 이때 배분의 비중을 결정하는 주요 요인이 가계유형이라는 것이다. 즉 1, 2인 가구유형과 대가족 가구유형 간에는 각 소비 비목 간 배분의 비중 차이로 인해 기본적인 소비패턴이 달라진다는 것이다.

가계생산이론(household production theory)에 의하면 가계는 단순히 소비만 하는 것이 아니라 생산의 주체로서 가계 구성원은 시장노동뿐 아니라 가계 노동(생산)에도 참여하게 된다. 이때 가계는 시장노동과 가계 노동에 시간을 적정하게 배분하여 효용의 극대화를 추구하는데 가계 구성과 특성이 각각 상이하기 때문에 각 가계 유형별로 각각 다른 소비행태가 나타난다는 것이다.

예를 들면 대가족 가구는 가구원 수가 많으므로 가계 생산성이 높고 따라서 가계 생산에 시간 배분을 늘릴 것이므로 시장 재화나 서비스 수요가 감소할 것이며 반대로 1, 2인 가구는 가구원 수가 적으므로 가계 생산성이 낮고 따라서 상대적으로 시장 재화나 서비스에 대한 선호가 높을 것이라는 것이다. 즉, 1, 2인 가구는 소득요인을 배제할 경우 기본적으로 외식 친화적이라 할 수 있다는 것이다.

| 그림 2-30 | **가계 생산성과 가구 유형과의 관계 예시**

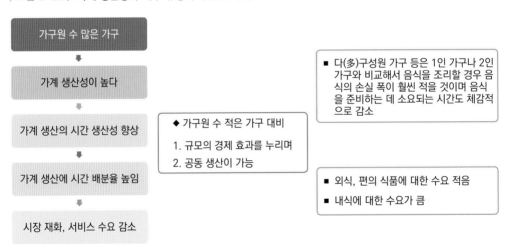

아래 자료에서 확인할 수 있는 것처럼 우리나라는 지속적으로 대가족 또는 핵가족 가구의 비율이 감소하고 1, 2인 가구의 비중은 계속 증가하고 있으며 2035년에 이르러서는 1, 2인 가구의 비중이 전체 가구 수의 70%에 이르는 1,560만 가구에 다다를 것으로 예상된다. 이는 앞에서 언급한 바와 같이 외식의 수요 기반 확대 측면에서 긍정적인 요소로 작용할 것으로 보인다.

| 그림 2-31 | **가구원 수 기준 가구의 연도별 추이**

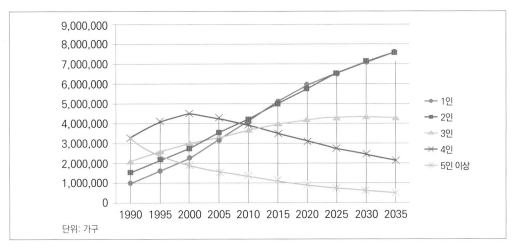

단위: 가구

출처: 통계청

| 그림 2-32 | **가구 수 추이**

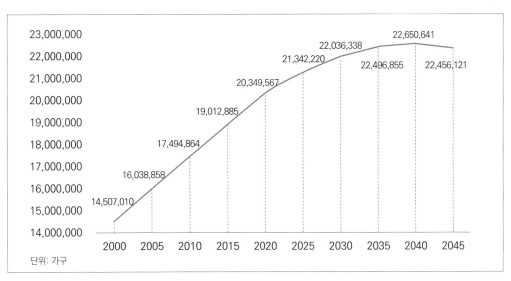

단위: 가구

출처: 통계청

이상과 같이 진행 중인 인구/가계 현상이 외식산업에 미치는 영향을 요약하면 다음과 같다.

표 2-5 인구/가계 현상이 외식산업에 미치는 영향

구분	현황	영향
인구수	추세적 감소	인구 감소에 따른 구매력 저하로 외식산업에 부정적 영향
인구 구성비	생산가능인구 감소	사회 전체의 부가가치 산출이 감소하는 것이므로 외식업에 부정적 영향
고령화	증가세	사회 전체의 부가가치 산출이 감소하는 것이므로 외식업에 부정적 영향
1, 2인 가구	폭발적 증가	가계생산능력의 저하로 외부에서 대안을 찾을 것이므로 외식업에 긍정적 영향
분거비율	증가세	가계생산능력의 저하로 외식업에 긍정적 영향

| 그림 2-33 | **1, 2인 가구비율 추이**

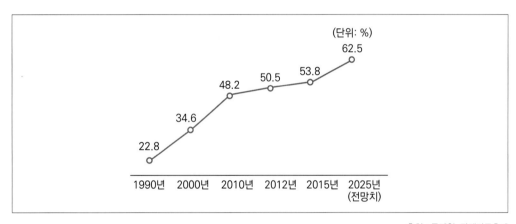

출처 : 통계청, 장래가구추계

　　이상에서 살펴본 바와 같이 인구, 가계 구조의 변화는 향후 외식산업뿐 아니라 전반적인 산업지형과 경제성장에 큰 영향을 미칠 것으로 예상된다. 특히 최근 압도적으로 증가하는 1인 가구는 외식 수요 기반 확대의 주요한 타깃(target)이 될 가능성이 높은데 일반적인 연구 결과에 따르면 인구학적으로 이들 1인 가구는 다음과 같은 특징을 가지고 있다.

◈ 외식의 선호도가 높고(소득요인을 배제할 경우)
◈ 소득수준은 전체 가구 수 대비 낮은 경향을 보이나

◈ 소득탄력성 및 가격탄력성이 높으며

◈ 1인 가구 내 소득과 학력 등 가구 특성 변수 간 차이가 많음

상기와 같은 특성으로 이에 부합하는 맞춤 전략을 구사할 필요가 있을 것으로 보인다.

2) 외식시장의 범위: 공간의 확대

4차 산업혁명은 그 이전의 산업혁명이 핵심적인 동력원과 범용/규정 기술을 강조해 왔던 것과는 달리 속도와 범위, 깊이, 시스템적인 충격을 강조해 왔다.

♦ 맥도날드, 메타버스에 레스토랑을 오픈한다?

출처: 한국맥도날드

맥도날드(McDonald's)의 메타버스 진출? 맥도날드가 메타버스와 관련한 10종의 상표를 출원한 것으로 알려졌다.

미국 경제 전문지 〈비즈니스 인사이더〉에 따르면,

지난 4일 맥도날드는 메타버스 관련 상표 출원과 함께 'McNFT'라는 이름의 NFT도 동시에 준비하고 있다.

맥도날드는 가상의 레스토랑을 개설하고, 실제 매장에서 경험할 수 없는 새로운 형태의 콘텐츠를 제공하려는 것으로 보인다.

현재까지 구체적으로 알려진 바는 없지만, 이와 같은 전망이 확정된다면 맥도날드는 가상의 메타버스 매장에서 실제 음식을 주문하고 받아볼 수 있는 서비스를 제공하는 최초의 기업이 된다.

미국 특허청이 상표 신청서를 검토하는 데 걸리는 평균 시간은 9개월 반으로, 미국 상표권 변호사인 조시 거벤(Josh Gerben)은 트위터를 통해 맥도날드의 메타버스 상품 출원이 무난히 진행될 것으로 예측했다.

한편 업계 관계자들은 맥도날드의 커피 체인 맥카페와 관련된 엔터테인먼트일 것으로 내다보고 있다.

출처: 아이즈매거진(www.eyesmag.com), 2022.02.15

4차 산업혁명론자 또는 지지자들이 언급하는 4차 산업혁명의 특징적 현상은 사람과 사람, 사람과 사물, 사물과 사물이 디지털화한 핵심기술(AI, big data, 사물인터넷 등)을 기반으로 초지능화하고 초연결, 초융합되는 것인데 현재 이러한 혁명이 빠르게 그리고 파괴적으로 진행 중이라는 것이다.

◈ 선형적 속도가 아닌 기하급수적으로 빠른 속도
◈ 경제, 기업, 사회를 아우르는 그 유례가 없는 패러다임적 전환
◈ 그리고 사회의 일부분이 아닌 전체의 시스템적 변화 등

4차 산업혁명기에는 디지털 기반의 데이터, 정보, 지식이 경쟁력의 원천이 되므로 디지털 전환의 가속화 여부가 새로운 경쟁우위로 부상할 것이며 영역과 경계가 허물어지고 융합하는 초융합형 사회로의 전환이 이루어지게 될 것이다. 융합은 실재하는 물리적 대상(physical object) 간 융합이기도 하지만(인간과 기계 간 융합, 공학과 생물학 간 융합)[46] 가상세계(cyber space)와 실재 세계의 융합이기도 하다.

여기서 가상(cyber)이라 함은 컴퓨터 또는 각 컴퓨터가 연결하는 네트워크망을 의미하므로 4차 산업혁명기에는 모든 데이터, 정보, 지식을 디지털화하여 저장, 활용하는 컴퓨터 또는 인터넷 안에서 가상세계와 실제 세상이 융합하는 것이다.

상품 및 서비스의 소비자와 공급자가 온라인상에서 거래할 수 있도록 조성된 디지털 중개자(digital matchmaker)로서의 역할을 하는 플랫폼 산업의 등장은 이러한 맥락에서 디지털 대전환 시기 즉, 4차 산업혁명기의 주요 현상이라 할 수 있다. 또한 디지털 비즈니스가 생산하는 제품은 정보재(information good)[47]로서 그 특성상 한계비용이 0에 가깝게 수렴되고 따라서 압도적 생산성을 실현할 수 있기 때문에 플랫폼 산업은 적은 자본으로 규모의 경제를 실현하고 주류적 산업(main stream)으로서 빠르게 성장, 발전할 수 있는 것으로 바야흐

---

46 전성철, 배보경, 전창록, 김성훈(2018), 『4차 산업혁명 시대 어떻게 일할 것인가』, 리더스북.
47 정보로 이루어진 재화. 비배제적, 비경합적 특성을 갖는다. 최초 생산 시 비용과 시간이 들지만 재사용 시 비용이 거의 들지 않는 즉, 한계비용이 0에 가까운 특성을 갖는다.

로 '큰 것이 작은 것을 잡아먹는 것이 아니라 빠른 것이 느린 것을 잡아먹는'[48] 시대가 도래했다고 볼 수 있다.

| 그림 2-34 | **규모의 경제보다 속도의 경제를 강조하는 시대이다. 대기업이 아니라 빠른 기업이 살아 남는다. 쿠팡이나 컬리의 로켓배송과 새벽배송은 시장경쟁의 속도 중요성을 알 수 있는 사례이다.**

출처: 컬리

기존의 오프라인 공간에 더해 사이버 공간이 디지털 연결성에 의해 구축되고 기존의 실제 공간과 융합되면서 사람들은 시간과 공간의 제약에서 벗어나 생산자와 구매자가 언제든 자유롭게 범세계적으로 제품과 서비스를 매매하고 공유할 수 있게 되었다.

경상북도 영주의 대장간에서 만들어지는 호미가 아마존이라는 플랫폼을 통해 미국의 소비자들뿐 아니라 전 세계 소비자들에게 알려지고 판매가 이루어지는 것처럼 플랫폼 비즈니스는 3차 산업혁명기처럼 디지털 사이버가 실제(physical)를 지원하는 단계에서 시간과 공간을 초월하며 사이버(연결 컴퓨터망의 세계)가 실제를 주도하는 시대로 들어설 수 있게 만드는 주요 비즈니스 형태라 할 수 있다.

---

48 제이슨 제닝스, 로렌스 호프론 공저(2001), 『큰 것이 작은 것을 잡아먹는 것이 아니라 빠른 것이 느린 것을 잡아먹는다.』, 해냄.

| 그림 2-35 | 아마존에서 팔리는 국내 제조 호미

출처 : 아마존

외식산업을 플랫폼 비즈니스로 치환하여 설명할 수 있는 것은 단연 배달 플랫폼이다. 생산과 소비가 동일 장소에서 일어나는 전통적인 외식의 개념에서 벗어나 고객이 원하는 장소로 배달되어 원하는 장소에서 취식하도록 하는 배달 외식은 연결 컴퓨터망을 통해 외식 제공자와 외식 구매자를 대규모로 연결할 수 있게 되면서 이전 전통 외식에서 보조적 역할에 머물렀던 배달 외식을 대규모 '산업화'로 이끌 수 있게 되었으며 소비자와 제조자에게 공히 효용과 편의를 제공할 수 있게 되었다.

우리나라에서 플랫폼을 활용한 온라인 쇼핑몰의 성장세는 급격하다. 2017년 약 440조에 달하던 소매 판매액이 2021년 518조로 약 18% 성장한 반면 온라인 쇼핑상품 거래액은 동 기간 71조에서 149조로 약 110%의 증가세를 보여 전체 소매 판매액에서 온라인 상품 거래액 비중이 16%에서 29%까지 상승했으며 향후 동 추세는 더욱더 확대될 것으로 예상된다.

소매판매액과 온라인 쇼핑상품 거래액 비중 비교(통계청 매년 보도자료 취합)

구분	2017	2018	2019	2020	2021
소매판매액(억 원)	4,401,105	4,649,923	4,731,617	4,752,000	5,179,344
온라인 쇼핑상품 거래액(억 원)[58]	712,685	873,631	1,014,003	1,270,755	1,485,453
온라인 쇼핑상품 거래액 비중(%)	16.2	18.8	21.4	26.7	28.7

| 그림 2-36 | 소매 판매액 및 온라인 쇼핑상품 거래액 증가율 추이(전년 대비)

출처 : 통계청

앞서 살펴본 바와 같이 온라인 쇼핑몰 거래액이 크게 성장세를 보이는 가운데 그중에서도 배달 외식 거래액의 신장세가 매우 두드러짐 또한 확인할 수 있다.

다음 표에서 알 수 있는 것처럼 2021년 온라인 쇼핑 총거래액은 약 187조 원으로 2017년 94조 대비 99% 신장세를 보인 반면 음식 서비스 거래액은 2017년 2조 7천억 원에서 2021년 25조 6천억 원으로 무려 766%의 거래액 신장세를 보이고 있다. 2020년과 2021년의 큰 폭의 성장세는 일정 부분 코로나의 영향이라고 볼 수도 있겠으나 그 증가세가 매우 큰 점을 알 수 있다.

표 2-7 우리나라 온라인 쇼핑 거래액 및 음식 서비스 거래액(단위: 백만 원)

	2017	2018	2019	2020	2021
온라인 쇼핑몰 거래액	94,185,765	113,314,010	136,600,838	157,319,737	187,078,440
음식 서비스 거래액	2,732,568	5,262,777	9,735,362	17,334,238	25,678,335

출처: 통계청

| 그림 2-37 | **연도별 음식 서비스 거래액 추이**

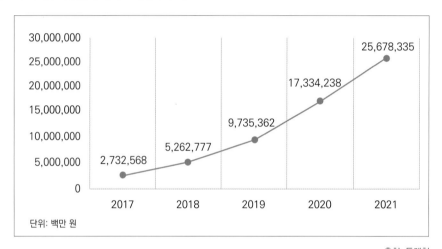

출처: 통계청

　온라인 쇼핑몰 거래액 증가세 대비 매년 음식 서비스 거래액 증가세가 더욱 가파르게 진행된 결과 전체 온라인 쇼핑몰 거래액 중에서 음식 서비스 거래액이 차지하는 비중도 2017년 2.9% 수준에서 2021년 13.7%까지 높아지고 있으며 향후에도 지속적으로 그 비중이 높아질 것으로 예상된다.

| 그림 2-38 | **온라인 쇼핑 거래액 중 음식 서비스 거래액이 차지하는 비중**

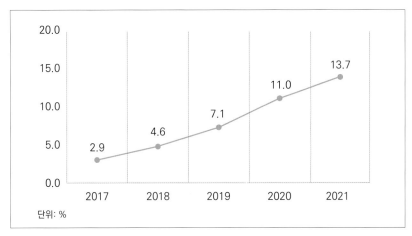

출처: 통계청

이상에서 확인한 바와 같이 4차 산업혁명기의 외식산업은 디지털 플랫폼을 활용한 비대면 제공방식인 배달 외식 쪽에서 지속적인 성장이 예상된다.

비록 배달 외식의 강세가 코로나 대유행에 힘입은 바 컸다 해도 코로나 종식 후 그 추세가 꺾일 것으로 단정하긴 어렵다. 한 연구 결과에 따르면[49] 2020년 팬데믹 기간 중 전통적 외식을 줄였던 소비자들은 팬데믹 종식 후에도 여전히 전통적 외식을 줄이겠다고 한 반면에 배달 외식은 팬데믹 종식 후에도 여전히 늘려 나가겠다고 한 점도 이 같은 추론을 뒷받침한다고 할 수 있다.

우리나라는 특히 다음과 같은 특성으로 인해 디지털 전환은 선택이 아닌 당위의 문제가되었다고 할 수 있다.

◈ 비교적 잘 구축된 디지털 인프라(인터넷, 스마트폰)
◈ 디지털 원주민(digital native)[50]의 전면적 등장

---

49 한경수(2021), "코로나 19 감염 걱정 정도가 외식 · 배달 · 테이크아웃에 미치는 영향", 2021 식품 소비 행태 조사 결과발표대회
50 디지털 방식이 삶에 체화된, 삶과 일체가 된 세대로 일반적으로 Z세대로 지칭한다.

◈ 트렌드에 민감한 소비문화(디지털 수용에 대한 저항성 약함)

◈ 새로운 성장동력으로서의 디지털(저비용) 경제 추구

세상은 이미 4차 산업혁명의 한가운데 디지털 세상이 와 있다. 디지털 대전환은 이미 현실이며 기술과 속도 그리고 시스템적으로 전통적인 3차 산업형 산업을 빠르게 대체하고 있는 상황에서 외식산업은 디지털 문해력(digital literacy)[51]을 바탕으로 사이버(cyber) 공간이라는 새로운 시장을 전통적 외식시장과 함께 적극적으로 수용해야 하는 과제를 안게 되었다.

3) 외식과 가정간편식(HMR): 내식의 대체재

표준산업분류상 외식업은 "구내에서 직접 소비할 수 있도록 접객시설을 갖추고 조리된 음식을 제공하는 식당, 음식점, 간이식당, 카페, 다과점, 주점 및 음료점 등을 운영하는 활동과 독립적인 식당차를 운영하는 산업활동"[52]으로 정의되며 배달이나 테이크아웃(take-out)도 이에 포함된다. 또한 외식산업진흥법에서는 외식을 "가정에서 취사를 통하여 음식을 마련하지 아니하고 음식점 등에서 음식을 사서 이루어지는 식사형태"로 정의한다.

즉, 외식은 외부에 마련된 제조와 취식이 이루어지는 공간에서 일정액을 지불하고 구매 후 먹는 음식으로 가정에서 재료를 구입 후 직접 제조해 먹는 식사=내식의 상대적 개념이라 할 수 있으며 보통 전통적 외식은 여기에 배달과 테이크아웃(take-out)을 포함한다.

또한 앞서 살펴본 것처럼 그동안의 사회경제적 변화는 전통적 내식의 쇠퇴와 쇠퇴하는 내식수요를 흡수해 왔던 전통적 외식의 성장을 견인해 왔다고 볼 수 있다.

그러나 2000년대 들어오면서 기존의 전통적 외식 외에 내식의 수요를 대체할 수 있는 새로운 형태의 식상품(食商品)이 중식(中食) 또는 가정간편식(HMR, home meal replacement)이라는 이름으로 본격적으로 등장하였는데 가정간편식이란 별도 조리과정 없이 그대로 또

---

51 디지털을 잘 사용할 수 있는 능력을 의미한다.
52 제10차 한국표준산업분류 2017, 통계청

는 단순 조리과정을 거쳐 섭취할 수 있도록 제조, 가공, 포장한 완전, 반조리 형태의 제품을 의미한다. 가정간편식의 등장은 아래 요인에 힘입은 바 크다.[53]

◈ 인구구조의 급격한 변화와 사회경제적 환경의 변화 그리고 새로운 세대의 본격적 등장(MZ 세대)으로 제품을 구매하는 대중 소비자의 취향과 성향이 변화를 겪으면서 더욱 세분화되고 다양해짐

◈ 이들 소비자의 다양한 needs를 충족시킬 수 있는 공급 부문의 역량이 강화되고 사회적 인프라 구축이 진행됨

표 2-8 HMR의 종류

RTH(ready to heat)	가볍게 가열하여 먹을 수 있는 음식
RTE(ready to eat)	구매 후 바로 섭취할 수 있는 음식
RTP(ready to prepared)	전처리된 식품원재료 형태로 제공(판매)되어 가정에서 바로 조리가 가능하도록 제공되는 식재료 형태의 음식

4차 산업혁명기의 주요한 변화 현상이면서 동인(動因)이기도 한 인구/가계 구조의 심대한 변화——절대적 인구의 감소, 고령화의 심화와 1인 가구의 폭발적 증가, 여성의 사회진출, 비혼/미혼 경향, 출산 기피 현상 등을 특징으로 하는——는 가정 내 생산능력을 감소시키고 생산비용을 증가시키게 되므로 기존 가정 내 생산을 외부화(externalization)하려는 강력한 동기가 형성되는데 이러한 현상이 기업의 효율적인 생산능력과 사회 저변의 잘 구축된 인프라와 결합하면서 내식의 쇠퇴와 외식[54]의 성장을 동기화하게 된다.

과거 내식 수요 감소는 전통적 외식의 성장을 의미했다. 즉, 소득의 향상과 가계 노동의 대체 필요성에 따라 1980년대 이래 전통적 외식산업은 크게 성장해 온 반면에 HMR은

---

53 식품의약품안전처 정의 참조
54 여기서 외식은 내식 외의 식사 형태로 정의한다.

시장에 오래전부터 등장해 있었음에도 불구하고 해당 기간 성장은 상대적으로 저조한 모습을 보여왔음을 부인할 수 없다.

일반적으로 우리나라에서는 HMR의 효시 제품으로 1981년 오뚜기식품에 의해 처음 출시된 오뚜기 3분 카레를 꼽는다. HMR의 효시 제품이 지금부터 40여 년 전에 출시된 셈이나 HMR이 의미 있는 食商品의 개념으로 조(兆)단위의 매출을 달성하게 된 것은 2011년경으로 볼 때 내식의 쇠퇴와 의미 있는 HMR의 본격적인 성장이 맞물리는 시기는 꽤 큰 시간적 간극이 있었다고 볼 수 있다.

| 그림 2-39 | **내식의 대체로서 외식의 범주**

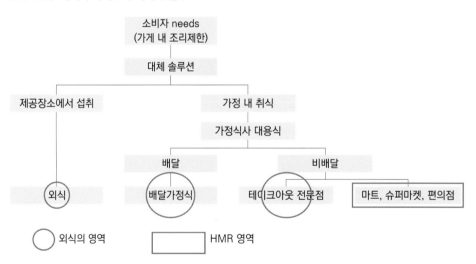

출처: A. I. A. Costa, M. Dekker, R. R. Beumer, F. M. Rombouts, W. M. F. Jongen(2001), A consumer-oriented classification system for home meal replacements, 『Food Quality and Preference』, 12(2001), p.230.

그러나 외식산업은 물리적 취식 공간의 존재에 따른 부담으로 기본적인 인건비 및 임대료가 발생할 뿐 아니라 영세 자영업자들이 외식업에서 차지하는 비중이 적지 않았던 관계로 산업 전체가 균질하게 규모의 경제를 달성하거나 시스템화하는 데 어려움을 겪게 되는 점 등의 문제가 점차 부각되면서 2000년대 들어 점차 상대적으로 그 성장세가 둔화되는 추세를 보이게 된다.

반면에 HMR은 다양한 유통망(편의점, 마트, 양판점, 음식점 등)의 전국적인 구축과 AI, 빅데이터 등 핵심기술을 활용한 콜드 체인망의 구성, 자본 투입에 따른 제조공정의 혁신을 바탕으로 다양한 제품개발 및 생산능력의 확보, 치열한 경쟁을 통한(외식업체에 의해서만 제조, 판매되는 기존 외식과는 달리 HMR은 제조, 유통, 외식업체들 모두가 참여하는 '빅리그') 효율성 제고 등 향상된 경쟁력을 확보하며 2000년대 이후 기존 내식 대체 수요를 흡수하며 급속도로 성장하는 모습을 보이게 된다.(농림축산식품부 자료에 의하면 2022년 HMR 출하액은 약 5조 원에 육박할 것으로 전망된다.)

| 그림 2-40 | **HMR 연도별 출하액**

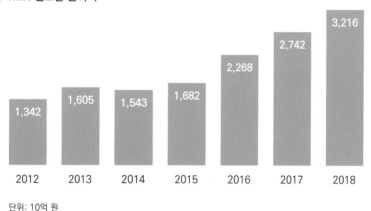

단위: 10억 원

출처: 농림축산식품부 보도자료, 2019.08.02

향후에도 내식의 쇠퇴 현상은 지속될 것으로 전망된다. 1인 가구의 증가세는 꺾이지 않을 것이고 여성의 사회진출은 가속화될 것이며 고령화는 지속적으로 증가하고 결혼 기피 현상도 심화되어 가계 내 생산성이 지속적으로 저하될 것이기 때문이다.

게다가 디지털 방식이 삶에 체화된, 삶과 일체화된 '디지털 원주민(digital native)'인 MZ 세대들이 점점 인구의 중추가 되어갈 것이며 그들의 특징적 소비패턴[55]에 비추어볼 때 내

55　대한상공회의소, 'MZ세대가 바라보는 ESG 경영과 기업 인식 조사" 등 참조

식에 구애받지 않고 다양한 방식으로 食의 문제를 해결해 나갈 것이기 때문이다.

| 그림 2-41 | HMR 유통구조

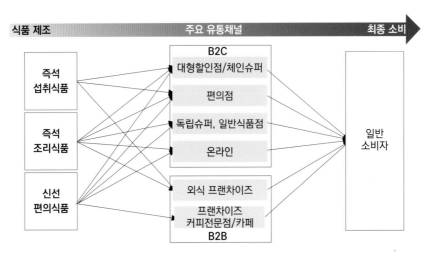

출처: 농림축산식품부 보도자료, 2017.11.17

비록 수요 측면에서 전통적 외식산업의 성장 여지는 여전하다 할 수 있지만 예전처럼 내식 수요의 감소로 인한 수혜를 전통 외식산업이 온전히 누릴 수 있을지는 불확실하다. 쇠퇴하는 내식 수요를 여하히 외식 수요로 견인해 낼지가 관건이 될 것이고 HMR의 성장 추세가 어떻게 이어질지를 주시하는 것이 필요할 것이지만 이 시점에서 외식과 HMR의 관계를 바라보는 두 가지 관점에 대해 간략히 알아보기로 한다.

우선 생각해 볼 수 있는 것이 대체재의 관점이다. 내식에 대응하는 개념으로서 전통적 외식과 HMR은 기본적으로 상호 대체재의 관계에 있다고 할 수 있다. 즉, 쇠퇴하는 내식 수요가 HMR로 향하는 경우 전통적인 외식산업은 타격이 불가피할 것이며 반대의 경우에는 HMR 산업의 정체가 예상된다.

최근의 통계는 HMR의 약진을 보여준다. 전체 산업 규모에서 HMR 산업 규모가 전통적 외식산업에 비하여 아직은 많이 작지만 HMR이 여러 경쟁적 이점을 활용하여 (전술한 내용 참조) 급속하게 시장을 키워나가는 점을 감안해 볼 때 HMR 산업에 대한 낙관적 전망은 유효하며 일정 부분 전통적 외식산업의 영역을 잠식할 가능성이 있다고 볼 수 있다. 이에 따라 외식산업은 다음과 같은 다양한 전략적 고려가 있어야 할 것으로 보인다.

◈ 디지털 환경에 적응하여 플랫폼 등을 활용한 외식 공급 공간과 잠재된 수요 확보

◈ 디지털 기반 기술의 적극적 도입과 활용을 통해 불필요한 비용을 절감

◈ 매장을 전략적으로 마케팅 공간화하여 고객이 매장을 단순히 상품을 구매하는 공간이 아닌 체험(experience), 재미(fun), 감성(emotion) 등을 경험하게 하는 공간으로 인식하게 하는 등 새로움과 차별화를 시도하고 옴니채널(omni-channel)[56] 등 여러 채널을 연결하는 노력 등

| 그림 2-42 | **스타벅스 더양평 DTR점**

출처: 중앙일보 인터넷판

---

56 옴니채널은 독립적으로 운영되던 채널들을 연결해 상호 보완관계를 구축하는 것으로 한 채널이 아닌 여러 채널이 뭉쳐 전체의 성과를 높이기 위해 유기적으로 연결되는 것

둘째로 생각해 볼 수 있는 것은 보완재의 관점이다.

전통적 외식산업과 HMR 산업 양자의 관계를 상호 보완재의 관계로 보는 관점이다. 즉, HMR은 외식업체를 '플레이어'로 끌어들여 HMR 산업의 저변을 확대, 강화하는 등 판을 키우는 역할을 할 수 있도록 하고 전통적 외식산업은 협의의 외식산업의 틀에서 벗어나 자체 외식상품을 HMR化하는 방법 등으로 전통적 외식산업으로서의 위상은 지켜나가되 비외식산업 분야로 영역을 확장할 수 있는 기회로 활용하는 등 상호 영역의 역량 강화에 도움을 주는 보완관계를 구축한다는 것이다.

한 연구 결과에 따르면[57] 외식을 많이 하는 가구일수록 HMR을 자주 구입하고, HMR을 자주 구입하는 가구일수록 외식을 자주 하는 것으로 나타났다. 즉, 외식을 자주 하는 소비자와 HMR 제품을 자주 구입하는 소비자는 상호 배타적이지 않으며 동질적 정서를 공유하고 있다고 볼 수 있다는 것이다. 이는 양 산업의 상호 이익 증진을 위하여 보완 내지는 결합적 관계를 형성하는 것이 가능할 수 있다는 점을 보여주는 것이라 할 수 있다.

산업 현장에서는 이미 RMR(restaurant meal replacement)이란 명칭으로 유명 음식점이나 레스토랑에서 제공하는 음식(외식)의 레시피대로 자체 제조하거나 HMR 기업과 협업한 형태의 RMR 제품이 판매되고 있으며 매년 가파르게 성장하고 있다.[58]

표 2-9 RMR 주요 협업 사례

제품명	협업업체	
조가네 갑오징어	CJ	조가네 갑오징어
곱창피즈파스타	현대그린푸드	이태리 국시
심플리쿡육통령목살도시락	GS 리테일	육통령

---

57 서선희(2021), "Heavy Dinner와 Heavy HMRer 소비자 간의 식품소비행태 분석", 농촌경제연구원 식품소비행태 발표대회

58 전체적인 RMR 성장세를 확인하기 어려우나 컬리의 경우 판매된 RMR 상품의 매출은 2017년부터 연평균 215% 증가했다. 2020년 매출은 2017년 대비 46배 규모로 크게 성장했다. 2021년 월평균매출은 약 150억 원으로 연매출로 환산 시 1,800억 원에 달한다.(전자신문, 2021.11.30자 인터넷 기사 요약)

양밥	홈플러스	오발탄
알폭탄알탕	홈플러스	연안식당
요리하다×송추가마골 LA 꽃갈비	롯데마트	송추 가맛골

| 그림 2-43 | RMR 성장을 다룬 기사

출처: 중앙일보, 2021.12.7

4) 기술의 진보

4차 산업혁명기의 외식산업은 인구구조의 극적인 변화와 대체재의 등장 등에 따른 시장의 잠식문제, 규모나 시스템 측면에서 고르지 못한 외식산업 내부의 불균형성 해결이라는 도전에 직면해 있다.[59] 또한 AI, 빅데이터, 사물인터넷, 로봇 등의 핵심기술을 기반으로 초지식, 초연결, 초융합을 지향하는 4차 산업혁명기라는 객관적 환경에 노출되어 있기도 하다.

슈밥은 그의 저서[60]에서 "4차 산업혁명기에는 모든 것이 연결되고 융합됨은 물론 계속 반복되고 축적되어 일종의 승수효과가 지속적으로 나타나게 되므로 이전 타 산업혁명기와는 비교할 수 없을 정도의 '기하급수적으로' 빠른 속도로 개인, 경제, 기업, 사회를 포괄하는 넓은 범위의 매우 깊은 변화가 나타날 것"으로 주장하였다.

이러한 속도, 범위, 깊이가 그동안 진행되어 왔던 타 산업혁명과 구분되는 4차 산업혁명만의 특징으로 그만큼 그 파급력이 급격하고 파괴적일 것이므로 부정적 영향이든 긍정적 영향이든 개인, 기업, 산업 등 각 사회 단위뿐 아니라 국가, 사회 전체적으로도 그 파급효과에 대해 주시해야 하며 적응하기 위해 노력해야 한다는 것이다.

그의 말에 따르면 외식산업 역시 예외적일 수 없다. 외식산업 역시 여러 도전과제에 직면해 있을 뿐 아니라 다른 모든 산업과 마찬가지로 4차 산업혁명이 일으키게 될 사회 전반의 광범위한 변화에서 비켜나 있을 수 없다는 것이다.

우리는 이미 4차 산업혁명기의 외식산업과 관련한 여러 문제들을 첫째, 인구/가계 구조의 변화 둘째, 플랫폼의 생성, 발전 셋째, 내식 수요의 감소와 대체재로서의 외식과 HMR로 구분하여 살펴본 바 있다.

본 절에서는 기술(technology) 수용의 문제에 대해 언급해 보려 한다. 다만 기술 수용 및 적용과 관련한 상세한 내용은 본서 별도의 장 —— 푸드테크(foodtech) —— 에서 따로 심도 있게 논의할 계획이므로 본 절에서는 가급적 개념적 설명과 간략한 실례를 언급하는 선에서 정리하도록 하겠다.

일반적으로 4차 산업혁명과 외식산업을 논의할 경우 자주 언급되는 개념이 푸드테크(foodtech)이다. 푸드테크는 4차 산업혁명의 주요 특성인 융합의 결과이다.

---

59 예상치 못한 반복적인 팬데믹(pandemic)은 이제 상수로 다루어져야 하며 막강한 부정적 파급력을 감안할 경우 도전 극복 과제 리스트에 추가해야 할 것이다.
60 Klaus Schwab(2016), 『제4차 산업혁명』, 메가스터디BOOKS, p.23.

| 그림 2-44 | 녹두로 만든 달걀… 푸드테크 벤처의 러브콜

'저스트 에그' 만드는 저스트 개요

- 2011년 조시 테트릭이 창업
- 비욘드미트 등과 3대 푸드테크 기업
- 빌 게이츠·리카싱, 피터 틸 등이 투자
  (누적 투자액 약 2억 5,000만 달러)
- 녹두 등 식물성 단백질이 원료
- 콜레스테롤 없고 포화지방 66% 감소
- 단백질 함유량은 달걀보다 22% 높아
- 북미·유럽·아시아 등 글로벌 진출

자료 = 저스트

출처: 매일경제, 2019.08.12 기사

'기존의 식품산업에 ICT 기술이 접목되어 생산부터 가공, 유통, 서비스까지 전 범위에 걸쳐 변화하는 새로운 신산업'[61]으로서 '분석화학, 생명공학, 공학, 영양, 품질관리 및 식품 안전 관리가 포함되는'[62] 푸드테크는 인간과 기계의 융합, 현실과 가상의 융합, 공학과 생물학 융합의 산물로 4차 산업혁명의 특징을 가장 잘 구현한 분야 중 하나라고 할 수 있다. 일반적으로 푸드테크의 기술로 언급되는 것은 아래와 같다.

표 2-10 대체식품 발전단계, 식품산업의 푸드테크 적용실태와 과제

구분		기술현황	시장 및 업체	투자현황
식물성 고기	**해외**	고기와 유사	빠르게 성장 임파서블 푸드, 비욘드미트	투자 활발
	국내	콩고기 수준	일부 영세업체	시작 단계
배양육	**해외**	기술개발 성공	미국, 네덜란드	투자 활발
	국내	없음	없음	없음

61　한국푸드테크협회
62　하리다(2021), "푸드테크 스타트업의 성공 요인 분석 : ERIS 모델을 중심으로", 과학기술정책연구원.

식물성 달걀	해외	미국	미국, 중국, 일본	투자 활발
	국내	벤처 수준	온라인, 채식주의	시작 단계
식용 곤충	해외	벨기에, 중국	다양함	일부 국가
	국내	세계 선도	일부 환자식, 에너지바	국가 투자

출처: 농촌경제연구원, 2019

 푸드테크의 각 분야별 성장 속도나 규모는 각국별로 차이가 있을 수 있으며 각각의 사정에 따라 아직 초보 단계에 머물러 있거나 미완의 기술로 남아 있는 경우도 있을 수 있으나 세계시장 규모는 2019년 약 2,380억에서 2027년 3,425억 달러로 큰 폭으로 성장할 것으로 기대되며 계속해서 매년 꾸준한 성장세를 시현할 것으로 예상된다.[63]

 일반적으로 푸드테크 성장의 주요 요인은 다음과 같다.

◈ 융합 및 적용기술의 지속적 발전
◈ 4차 산업혁명의 주요 어젠다 중 하나인 기후변화와 지속가능성(sustainability)과 관련한 대안(대체육, 식품, 스마트팜 등)에 대한 지속적 관심과 투자 증대
◈ 인구구조의 변화에 따른 인력난과 관련 비용의 지속적 상승
◈ 비대면 사조(思潮)의 확산
◈ 새로운 재료/음식에 대한 소비자의 열망과 기대
◈ 소비자의 편리함과 빠름을 추구하는 경향
◈ 외식업의 생산성 향상 필요성

---

63 조선일보, 2021.11.21자 기사 인용

| 그림 2-45 | 세계 푸드테크 시장 규모

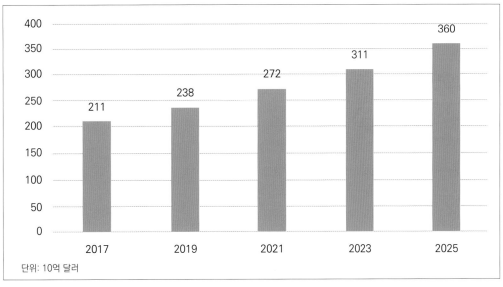

단위: 10억 달러

출처: 농촌경제연구원, 2019

♦ 푸드테크 접목한 미래식당 '레귤러식스'

강남 N타워 지하 2층에 6개 외식 브랜드 입점. 서울 테헤란로에 4차 산업혁명의 핵심인 로봇기술과 AI기술, 블록체인 등이 접목된 퓨처레스토랑 '레귤러식스'가 문을 열었다. 강남 N타워 지하 2층에 3300㎡(110평) 규모로 오픈한 레귤러식스는 축산유통 스타트업 육그램과 전통주 전문 외식기업 월향이 힘을 합쳐 서울의 대표 먹거리를 한데 모은 푸드테크(food + technology) 외식공간이다. 월향(퓨전한식), 라운지엑스(로봇카페), 평화옥(냉면&양곰탕), 조선횟집(회), 산방돼지(돼지고기구이), 알커브(VIP공간) 총 6개의 브랜드가 입점해 있다. 레귤러식스에는 블록체인을 통한 예약 및 결제 서비스가 적용된다. 신용카드나 현금을 사용할 수도 있지만 암호화폐인 비트코인과 이더리움으로 선불카드를 구매한 뒤 바로 결제할 수 있다. 4차 산업혁명의 핵심인 로봇기술과 AI기술 또한 적용됐다. 라운지엑스에서는 핸드드립을 하는 로봇(바리스타)과 빵과 음료를 서빙하는 로봇(팡셔틀)을 운영한다. 육그램 인공지능 에이징룸은 AI가 관리하는 'AI 드라이에이징 센터'다. AI는 여섯 명의 드라이에이징 장인의 방식을 학습, 최적의 시간에 걸쳐 최적의 온도·습도로 고기를 숙성한다. 고기는 가장 맛이 좋을 때 레귤러식스 레스토랑 중 하나인 '산방돼지'로 간다. 고기칸 아래에는 역시 인공지능으로 생장시킨 상추가 자라고 있다. 세계 최초 탭 막걸리 기술도 적용됐다. 기존 주류 탭은 탄산 방식이지만 월향에서는 질소 방식을 사용해 조금 더 신선하게 생(Draft)막걸리를 즐길 수 있다. 육그램 공동창업자이자 라운지랩 황성재 대표는 "레귤러식스는 푸드테크의 선두주자로서 지금까지 보지 못했던 새로운 형태의 외식공간을 제공할 것"이라며 "앞으로 레귤러식스가 테크 기업 밋업의 장이 될 수 있길 바란다"라고 전했다.

출처 : 식품외식경제(http://www.foodbank.co.kr)

| 그림 2-46 | 서울 테헤란로에 문을 연 '레귤러식스': 로봇기술과 AI기술, 블록체인 등이 접목된 퓨처레스토랑

출처: 식품외식경제(http://www.foodbank.co.kr)

4. 4차 산업혁명기의 외식산업

일반적으로 외식은 유형(有形)의 소비재와 무형(無形)의 서비스가 결합된 리테일 비즈니스(retail business)[64]의 한 범주로 간주된다. 이는 식품의 생산에 특화하는 식품제조업과 구분되는 특성으로 전통적으로 외식업은 소비재 외에 해당 소비재의 판매가 이루어지는 장소

---

64 개별적 또는 소량으로 소비자에게 상품을 판매하는 소매업

와 서비스를 포괄하는 개념이라 할 수 있다.[65]

〈外食 = Meal + Service〉

하지만 4차 산업혁명시대에 접어들면서 리테일 비즈니스가 지정된 물리적 장소로 '찾아오는 고객'을 대상으로 제품과 서비스를 제공하는 전통적 방식에 더해, 디지털 기반의 기술을 활용한 연결과 융합으로 새로운 가치를 창출하고 온라인과 모바일 플랫폼 영역으로의 무한 확장을 꾀하고 있는 것처럼 외식산업 역시 디지털 기반의 데이터, 정보, 지식을 바탕으로 새로운 기술을 도입함은 물론 특히 ICT(information & communication technology)와 생물학적(biological) 기술을 접목하여 기존의 공간적, 개념적 한계를 뛰어넘는 새로운 영역으로의 확장을 시도하고 있다.

| 그림 2-47 | **우리나라 외식산업 발전사**

1960년 이전 – 음식업 태동기
전후 식량 부족, 분식 장려

이문설렁탕(07년), 용금옥(30년), 한일관(34년), 조선옥(37년), 뉴욕제과(67년)… 등

1980년대 – 외식산업의 적응기
86아시안게임과 88올림픽
외국자본 도입법 개정

버거킹, KFC(84년), 피자헛(85년), 맥도날드(86년), 도미노피자(89년), 신라당(80년), 투모로우타이거(84년), 크라운베이커리(86년), 놀부(87년), 코코스(88년)

2000년대 – 고도성장기
SPC그룹, CJ, 이랜드 등 대기업의 외식산업 진출 가속

2020년대 초
팬데믹으로 인한 외식업계 불황

배달시장의 증가, 오프라인시장의 감소, 온라인시장, HMR, 밀키트, 외식소비자의 라이프사이클 변화

1970년대 – 외식산업의 태동기
최초의 프랜차이즈 등장

림스치킨(75년), 난다랑, 롯데리아(79년)

1990년대 – 외식계 프랜차이즈 도입 전성기
하겐다즈(91년), TGIF(92년), 스카이락(94), Sizzler(95년), Benningan's(95년), Marche(96년), OUTBACK(97년), STARBUCKS(99년)… 등

2010년대~성숙기
외국계 프랜차이즈 레스토랑의 쇠퇴
한식뷔페의 유행
CJ 계절밥상(13년), 이랜드 자연별곡(14년), 신세계올반(14년)

물론 4차 산업혁명 이전에도 외식업은 기술적 환경의 변화에 맞추어 지속적으로 그 생

---

65 일반적이라는 표현을 사용한 것은 외식업 개념의 확장에 따라 배달과 테이크아웃 등도 외식업의 범주에 포함되기 때문이다.

산과 서비스의 범위, 수준, 내용을 발전시켜 왔었고 이러한 노력의 결과로 인해 우리가 즐기는 외식은 그동안 질적 · 양적 측면에서 괄목할 만한 성장을 기록해 왔다고 볼 수 있다. 그간 외식산업 발전은 절대빈곤에서 벗어나기 시작한 1960년대 말 이후

◈ 지속적인 경제발전으로 인한 가구소득의 증가
◈ 인구 및 가구구조의 변화로 인한 가계 생산능력의 감소
◈ 가계 노동의 비교우위 상실 가중[66]

등 환경 여건의 변화 기반 위에서 주로 ICT 기술을 활용한 식품의 가공, 저장, 포장, 유통 기술의 혁신과 사회 인프라망(Infra-structure)의 광범위한 구축이라는 공급역량이 결합되어 메뉴의 품질향상뿐 아니라 대량생산, 대량유통, 대량보관이 가능해지고 매뉴얼화를 이루어냄으로써 비로소 외식업이나 요식업[67]이 아닌 외식산업으로, 산업화와 대중화를 선제적으로 이뤄왔으며 4차 산업혁명기에 접어들면서는 디지털 기반 핵심기술(AI, 빅데이터, 사물인터넷 등)을 주축으로 새로운 생산 및 서비스를 구현하고 이종 산업 간 융복합을 실현하거나 외식업의 밸류체인(value chain) 선상에 있는 전/후방 관련 분야에서의 새로운 혁신(이를테면 대체육, 스마트팜, 드론)과 결합함으로써 향후 식품/외식산업의 다양성과 내용성을 더욱 풍부하게 할 것으로 기대된다.

---

66 시장경제하 압도적 생산성과 효율성으로 무장한 기업이 전통적으로 가계에서 행해지던 노동을 흡수하는 것을 의미한다.(육아, 세탁, 식사 등)
67 요식(料食): 명사 1. 몫몫으로 나눈 밥에서 한 몫이 되는 분량의 밥. 2. 벼슬아치에게 주는 잡급(雜給); 요식업 (料食業): 일정한 시설을 만들어 놓고 음식을 파는 영업.(네이버국어사전)

| 그림 2-48 | **우리나라 외식산업 매출액**

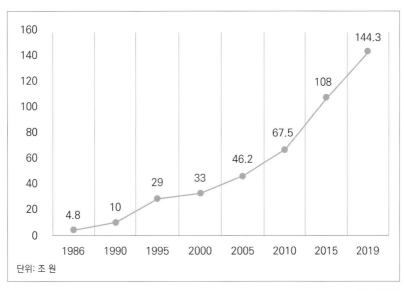

단위: 조 원

출처: 통계청

리테일 비즈니스로서 외식업의 전통적인 범주는 제조와 서비스이다. 즉, 매장을 찾아오는 고객을 위해 제품(음식)을 만들고 이를 적정한 방식으로 고객에게 제공하는 것이 전통적인 외식의 본업이라는 것이다. 따라서 일차적으로 4차 산업혁명의 디지털 기반 기술은 제조역량의 변화/혁신과 서비스 역량의 변화/혁신이라는 양 측면에서 접근해야 할 것이다.[68]

다른 하나는 시장의 문제이다. 4차 산업혁명의 핵심 키워드가 온라인 또는 온라인과 오프라인의 결합, 융합인 만큼 유형(有形)의 매장(offline)을 매개로 시장을 형성해 온 전통적인 외식산업이 어떻게 온라인 비즈니스와 결합하여 또 다른 시장을 만들 수 있느냐가 수요와 시장의 확대에 관건이 될 것이다. 4차 산업혁명기에는 오프라인 외에 플랫폼을 매개로 한 온라인 시장이 오프라인 시장만큼의 중요성을 가질 것으로 예상된다.

결과적으로 4차 산업혁명기에는 현재 리테일 비즈니스의 영역에 도입되어 활용되고 있

---

68 변화와 혁신은 고객과의 상호작용에 의해 진행되나 고객 차원의 분석은 타 장에서 별도 진행한다.

는 다양한 디지털 기반 기술들이 외식의 제조와 서비스 부문에도 본격적으로 접목되어 사용될 뿐 아니라 플랫폼이라는 새로운 온라인 시장이 본격적으로 등장하게 되는 등 다양한 변화가 나타날 것으로 예상된다.

일반적으로 리테일 비즈니스에 활용되는 4차 산업혁명의 디지털 기반 기술은 다음과 같다.

- AI(인공지능)
- 빅데이터
- Untact Technology(RFID, QR Code, 생체인식, AI Communication 기술 기반)
- AR/VR(증강/가상 현실)
- 옴니채널
- Mobile Payment
- 로봇
- 블록체인
- 사물인터넷
- 3D Printing
- 플랫폼[69]

해당 기술들은 개별적으로 또는 서로 결합하여 리테일 비즈니스로서의 외식산업 전반에 큰 반향을 불러일으킬 것이다. 이를테면, 다음과 같은 것들을 예상해 볼 수 있다.

- 전통적인 외식산업: 제조, 서비스 양 부문에서 해당 기술들이 빠르게 인력을 대체해 나갈 것이다.
- 고객의 불편함을 해소하거나 편리하게 할 서비스를 제고(提高)해 나갈 것이다.
- 정해진 공간이 아닌 외부에 머무르는 고객에게 외식을 제공하는 것이 일반화될 것이다.
- 연관산업의 혁신으로 새로운 재료의 외식이 등장할 것이다.

---

69 황지영(2021), 『리테일의 미래』, 인플루엔셜에서 발췌

◈ 매장은 다양한 체험, 경험, 재미를 제공하는 공간으로 진화해 나갈 것이다.

⚙ 사례

- 인공지능을 장착한 로봇이 매장에서 음식을 만들고, 서빙을 함
- 빅데이터를 활용해 훨씬 정밀하게 고객의 취향과 외식행태를 분석해 맞춤형 메뉴나 서비스를 개발해 제공함
- 증강/가상현실 기술을 활용하여 고객에게 방문하고자 하는 식당의 인테리어나 분위기를 미리 체험하게 하여 대처할 수 있도록 편의를 제공함
- O2O(Online to Offline) 플랫폼을 활용해 매장에 나타나지 않는 고객에게 외식을 제공하거나 온라인으로 미리 주문하게 해서 기다리지 않고 음식을 픽업하게 함
- 배양육이나 대체육, 곤충, 벌레 등이 외식재료로 활용될 것이며 자연에서 키운 채소가 아닌 스마트팜(smart farm)에서 재배한 채소를 재료로 활용함
- 무인으로 운영되는 식당이 등장함
- 드론이나 로봇으로 음식을 배달함

| 그림 2-49 | **매장 서빙용 로봇과 배달용 로봇**

특히, 앞에서 논한 바와 같이 4차 산업혁명기의 디지털 네트워크를 기반으로 한 외식산업은 전통적 오프라인 매장 외에 온라인, 모바일, 옴니채널[70] 등 가상공간에서의 플랫폼을 추가적으로 활용할 수 있게 됨으로써[71] 외식업의 수요 기반 확장을 도모하고 그 저변을 확대할 수 있게 될 것으로 예상된다.

| 그림 2-50 | **배달의 민족 거래액 추이**

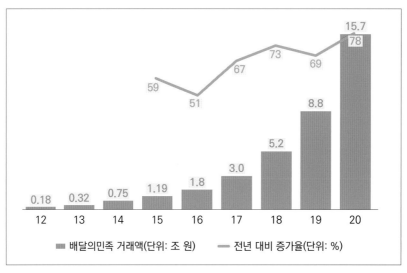

출처: 우아한형제들

이상의 내용을 정리해 보면 다음과 같다.

◈ 외식산업은 리테일 비즈니스의 한 범주로서 고객에게 유형의 제품뿐 아니라 서비스를 함께 판매하는 업이다.

◈ 디지털 기반의 4차 산업혁명 핵심기술들이 제조와 서비스 등 양 부문에서 변화를 이끌 것이며 새로운 시장 – 플랫폼을 매개로 한 온라인 시장이 본격적으로 열릴 것이다.

---

70 고객이 이용 가능한 온 · 오프라인의 모든 쇼핑 채널들을 대상으로 채널들을 통합하고, 고객을 중심으로 채널들이 유기적으로 연결하여 끊기지 않고 일관된 경험을 제공하는 유통채널 전략
71 배달 외식을 외식의 범주로 간주한다.

◈ 생물학적 기술을 활용해 개발한 새로운 식재료를 기반으로 한 외식이 등장할 것이다.

◈ 그 혁신의 핵심은 자동화, 데이터화(디지털화), 플랫폼-온라인화가 될 것이다.

토론주제

◇

Discussion topic

01. 4차 산업혁명은 이전의 혁명과 어떠한 차별점이 있는가?

02. 4차 산업혁명은 실제로 그 실체가 있는 것인가?

03. 4차 산업혁명은 지속적인 경제성장을 촉진할 것인가?

04. 4차 산업혁명은 개별 산업에 어떠한 영향을 미칠 것인가?

05. 4차 산업혁명은 노동과 고용에 어떠한 영향을 미칠 것인가?

06. 4차 산업혁명은 기업의 운영과 전략에 어떠한 영향을 미칠 것인가?

07. 외식은 어떠한 필요충분조건의 충족을 통해 발전해 왔는가?

08. 4차 산업혁명기에 외식산업이 맞닥뜨릴 환경의 변화에는 어떤 것이 있는가?

01. 4차 산업혁명론의 핵심적인 주창자는 누구인가?

　① 피터 드러커　　　　　② 클라우스 슈밥

　③ 로버트 고든　　　　　④ 앨빈 토플러

02. 괄호 안에 적정한 표현을 나열한 것은?

> 일반적으로 4차 산업혁명론자들은 AIoT를 3차 산업혁명과 구분되는 개념으로 활용하고 있
> 다. AIot(artificial intelligence of things) 즉, 사물지능융합기술은 지능성과 연결성을 확대하
> 고 융합하는 기능의 이른바 (　　　)과 (　　　), (　　　)을 지향한다.

　① 초지능성-초연결성-초기능성

　② 초지능성-초확대성-초기능성

　③ 초연결성-초확대성-초기능성

　④ 초연결성-초지능성-초융합성

03. 4차 산업혁명의 핵심 키워드는?

　① 핵심적인 기술과 동력

　② 변화의 속도, 깊이와 범위, 시스템적인 충격

　③ 자동화와 정보화

　④ 디지털

04. 다음은 누구의 주장인가?

> 4차 산업혁명은 없다. 이것은 픽션이다. 1차 산업혁명은 증기 펌프, 2차는 아날로그 전기, 3차는 디지털이다. 4차 산업혁명론자들은 로봇공학, 인공지능 및 유전학이 너무 빠르게 움직인다고 보고 이를 혁명이라고 말했지만, 마케팅 도구였을 뿐이다.

① 앨빈 토플러　　　　　② 제러미 리프킨
③ 로버트 고든　　　　　④ 클라우스 슈밥

05. 슈밥의 4차 산업혁명 동인으로서의 3대 기술은?

① 물리적 기술–디지털 기술–플랫폼 기술
② 물리적 기술–디지털 기술–정보화 기술
③ 디지털 기술–자동화 기술–생물학 기술
④ 디지털 기술–물리적 기술–생물학 기술

06. 4차 산업혁명이 야기할 고용/노동 문제와 관련해 슈밥이 4차 산업혁명의 결과 일자리가 늘어날 것으로 예상한 것은?

① 비즈니스 서비스 및 행정 관리자
② 고객정보관리 및 고객서비스 관리자
③ 비즈니스 개발 전문가
④ 데이터 입력 사무원

07. 우리나라의 외식발전 과정에서 나타나는 사회현상이라 볼 수 없는 것은?

① 지속적인 경제발전으로 인한 가구소득의 증가
② 인구 및 가구구조의 변화로 인한 가계 생산능력의 감소
③ 가계 노동의 비교우위 상실 가중
④ 제조업 대비 서비스업의 생산성 증가

08. 리테일 비즈니스로서의 외식산업에서 4차 산업혁명의 디지털 기반 기술 활용에 따른 기대 효과로 볼 수 없는 것은?

① 전통적인 외식산업 – 제조, 서비스 양 부분에서 빠르게 인력을 대체할 것이다.

② 연관 식품산업의 혁신으로 새로운 재료의 외식이 등장할 것이다.

③ 정해진 공간이 아닌 외부에 머무르는 고객에게 외식을 제공하는 것이 일반화될 것이다.

④ 온라인 배달의 활성화로 오프라인 매장은 점점 사라질 것이다.

09. 4차 산업혁명기에 예상되는 인구구조의 변화가 아닌 것은?

① 절대 인구수의 감소

② 저출산과 고령화의 가속화

③ 1, 2인 가구가 전체 가구 중에서 차지하는 비중이 계속 증가

④ 가구 수의 감소

10. 4차 산업혁명기에 두드러진 인구현상으로 1, 2인 가구의 폭발적 증가가 있다. 이들 가구의 일반적인 특성으로 잘못 설명한 것은?

① 외식의 선호도가 높다.(소득요인을 배제할 경우)

② 소득탄력성 및 가격탄력성이 낮다.

③ 1인 가구 내 소득과 학력 등 가구 특성 변수 간 차이가 많다.

④ 가계생산능력이 상대적으로 다인가구에 비해 높다.

11. 다음 괄호 안에 적당한 말은?

상품 및 서비스의 소비자와 공급자가 온라인상에서 거래할 수 있도록 조성된 디지털 중개자 (digital matchmaker)로서의 역할을 하는 (   ) 산업의 등장은 이러한 맥락에서 디지털 대전환 시기– 4차 산업혁명기의 주요 현상이라 할 수 있다.

① 사이버   ② 온라인
③ 플랫폼   ④ 메타버스

12. 인구현상이 외식산업에 미치는 영향으로 적당하지 않은 것은?

① 인구수의 추세적 감소는 구매력의 절대적 감소를 의미하므로 외식산업에 부정적이다.
② 생산가능인구의 감소는 사회 전체의 부가가치 산출이 감소하는 것이므로 외식업에 부정적이다.
③ 1인 가구는 가계생산능력을 저하시키므로 타 조건이 중립적인 경우 외식친화적이다.
④ 대가족 가구는 가족 소득의 합이 높은 경향이 있으므로 외식친화적이다.

13. 일반적으로 우리나라의 HMR 제품의 효시로 꼽는 제품은?

① 햇반   ② 오뚜기 3분 카레
③ 컵라면   ④ 컵밥

14. HMR의 거센 추격을 받고 있는 외식산업의 대응 방안으로 적정하지 않은 것은?

① 플랫폼 등을 활용한 외식 공급 공간과 잠재되어 있는 수요를 확보하려 노력한다.

② 디지털 기반 기술의 적극적 도입과 활용을 통해 불필요한 비용을 절감한다.

③ 매장을 전략적으로 마케팅 공간화하여 고객이 매장을 단순히 상품을 구매하는 공간이 아닌 체험(experience), 재미(fun), 감성(emotion) 등을 경험하게 하는 공간으로 인식하게 한다.

④ 선택과 집중의 원칙에 따라 메뉴나 유통경로를 단순화한다.

15. 푸드테크산업의 성장요인으로 볼 수 없는 것은?

① 제품 자체의 우수성

② 융합 및 적용기술의 지속적 발전

③ 소비자의 편리함과 빠름을 추구하는 경향

④ 인구구조의 변화에 따른 인력난과 관련 비용의 지속적 상승

16. 내식의 쇠퇴현상과 관련한 내용 중 관계가 없는 것은?

① 1인 가구의 폭발적 증가가 내식의 쇠퇴를 결과한다.

② 여성의 사회진출이 활발한 점 역시 내식의 쇠퇴를 결과한다.

③ 내식의 쇠퇴는 온전히 외식산업의 성장으로 귀결된다.

④ 비혼, 미혼, 만혼, 고령화 등도 내식의 쇠퇴로 귀결된다.

정답 1② 2④ 3② 4② 5④ 6③ 7④ 8④ 9④ 10④ 11③ 12④ 13② 14④ 15① 16③

학습목표

Road map

1. 4차 산업혁명이 일어나게 된 배경에 대해 이해한다.
2. 우리나라 4차 산업혁명 기술과 추진현황을 이해한다.
3. 4차 산업혁명의 기술이 국내 외식산업에 적용된 사례를 통해 기술적용 방식을 이해한다.
4. 해외 사례를 통해 4차 산업혁명의 진행상황을 이해한다.
5. 해외 각국의 특성과 외식산업 적용 사례를 통해 기술적용 방식을 이해한다.
6. 4차 산업혁명의 장단점과 보완점들에 대해 이해한다.

 Key word_ 4차 산업혁명, I-KOREA4.0, ICT, foodtech, Bigdata, AI, 대체육(meat analogue), 로봇(robot), 키오스크(kiosk), 디지털 트랜스포메이션(digital transformation), 산업 사물인터넷(IIOT: industrial internet of things), 스마트팩토리(smart factory), 인더스트리 4.0, 플랫폼 인더스트리 4.0(Platform Industrie 4.0), 제조2025, 인터넷 플러스(+), 핀테크(fintech), OTO(online to offline), 디지털 인디아(Digital India), 스마트시티(smart city), Agri-tech, 스마트네이션(smart nation), 소사이어티 5.0(Society 5.0)

4차 산업혁명의
국가별 전략과 외식산업

4차 산업혁명은 '현재진행형'이다. 어느 시점을 잘라서 4차 산업의 시작점이고 종료지점이라고 말할 수 없는 것이 4차 산업혁명을 이끄는 원동력인 핵심기술의 발달은 지금도 진행되고 있기 때문이다. 아마도 5차 산업혁명이 일어나는 시점에서 여기까지가 4차 산업혁명이었다고 이야기할 수 있을 것이다.

모든 산업혁명의 핵심기술들은 인간이 시간과 공간의 제약을 극복할 수 있도록 함으로써 삶을 윤택하게 해왔다. 전쟁의 승전보를 알리기 위해 장거리를 쉬지 않고 달려 전했다는 마라톤의 역사에서 전기를 활용한 전보의 발달은 먼 거리를 가지 않고도 정보를 전달할 수 있게 했으며, 전화의 발명은 바로 옆에서 육성을 통해 정보를 주고받는 양방향 기술로써 시간과 공간의 제약을 뛰어넘었다. 인터넷의 발명은 지역에서 전 세계로 정보 공유의 시대를 열었고 이제는 그 세계에서 자신의 아바타를 통해 가상세계의 경험을 하는 메타버스의 시대까지 도래하였다.

이번 장에서는 국가별 4차 산업혁명의 현주소를 조명하고 핵심기술을 통해 추구하는 방향을 학습하며 이를 통해 앞으로의 미래와 5차 산업혁명에 대한 영감을 공유하도록 구성하였다.

1. 대한민국

1) 4차 산업혁명의 배경과 현황

우리나라는 2018년을 기점으로 인구가 감소하기 시작하는 인구절벽에 도달하였다. 대통령직속 산업혁명위원회(2017)[12]의 '4차 산업혁명 대응계획 I-KOREA4.0'에 따르면 우리나라는 현재 저성장 고착화, 사회문제의 심화로 위기상황에 직면하였다.

| 그림 3-1 | **4차 산업혁명 대응계획**

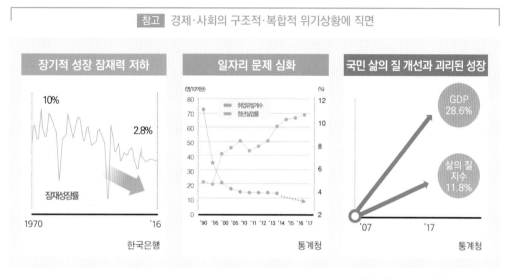

출처: 대통령직속 산업혁명위원회(2017)

역사적으로 전쟁이 끝난 후 2차 산업혁명에 뒤늦게 합류하였으나 3차 산업혁명 시점에는 국가적으로 정보화 사회 IT강국으로써 과학기술과 ICT[3] 역량을 바탕으로 선진국 대열에 진입하였으나 4차 산업혁명의 진입에는 현시점에서 주요 국가들과의 격차가 발생하고 있어 앞으로의 방향과 전략에 귀추가 주목되고 있다.

---

1   4차 산업혁명의 도래에 따라 대한민국 정부의 국가전략과 정책에 관한 사항을 심의하고, 부처 간 정책을 조정하는 대통령 직속기구로 4차 산업혁명의 총체적 변화과정을 국가적인 방향전환의 계기로 삼아, 경제성장과 사회문제해결을 함께 추구하는 포용적 성장으로 일자리를 창출하고 국가 경쟁력을 확보하며 국민의 삶의 질을 향상시키기 위하여 4차 산업혁명위원회를 설치하고, 그 구성 및 운영에 필요한 사항을 규정함을 목적으로 한다.(4차 산업혁명위원회의 설치 및 운영에 관한 규정, 제2조 1항)

2   https://www.4th-ir.go.kr/

3   Information and Communication Technology

우리나라는 전 세계에서 가장 빠른 네트워크와 ICT역량, 제조 경쟁력, 우수한 인적자원을 보유하고 있다는 점에서 산업혁명의 핵심기술과 역량에 있어 우수한 잠재력을 보유했다고 볼 수 있다. 다만 아직까지 지능화(AI) 기술은 초기단계이며 이에 대한 기술경쟁력 확보가 지연되고 있다. 아울러 새로운 산업과 시장 창출 및 산업 인프라 및 생태계 조성도 미흡하며 일자리 변화에 대한 대응 준비 역시 부족한 상태이다.

| 그림 3-2 | **대통령직속 4차산업혁명위원회 홈페이지**

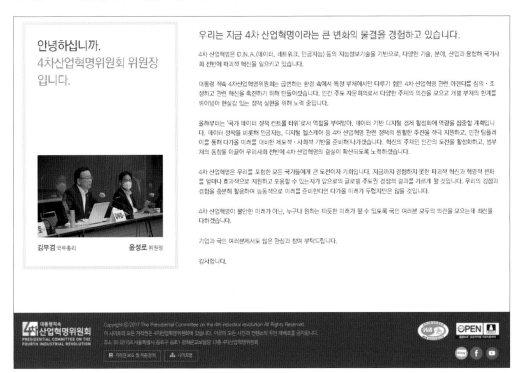

| 그림 3-3 | 4차 산업혁명의 비전 및 추진과제

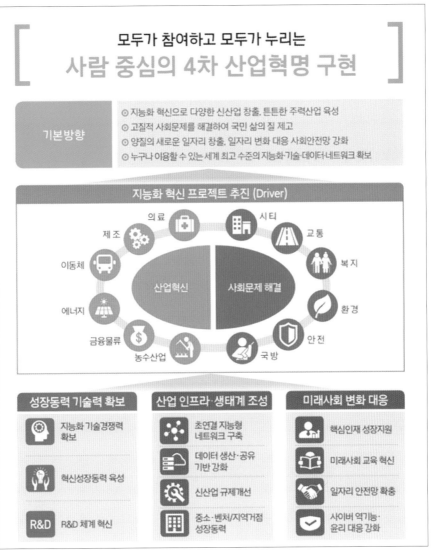

출처: 대통령직속 산업혁명위원회

| 그림 3-4 | 디지털혁신을 통한 미래 선도국가 도약! 4차 산업혁명 지속 추진을 위한 핵심과제 논의

출처: 대통령직속 산업혁명위원회

그러나 정책을 추진하며 나타난 문제점들은 개선의 여지가 있으며 새로운 과제로 부상하고 있다. 위원회는 그간 4차 산업을 추진하며 다음과 같은 문제점들이 있었다고 자체 분석하고 있다.[4]

- (제도·인프라 '미비') 경직된 법·제도로 인해 신산업의 시장 진입 곤란, 신기술(AI, 메타버스)의 차별·혐오·불공정 등 이슈 대두
- (이해관계 '충돌') 타다(택시), 로톡(법률서비스) 등 신-구 산업 간 갈등 및 대형 플랫폼 기업의 불공정계약 등 문제 발생
- (디지털 '격차') 대학의 경직된 학사운영으로 디지털인재 공급 부족, 디지털 격차가 기회·소득 격차로 연결되면서 사회적 문제 발생
- 한계점 극복을 위해 4차위는 ①사람중심의 4차 산업혁명, ②공정과 신뢰 기반의 혁신 ③디지털 혁신 생태계 조성 ④4차 산업혁명 추진체계 정비를 핵심 과제로 제시하였다.

출처: 제28차 4차산업혁명위원회 전체회의 보도자료

이상 우리나라 4차 산업혁명 추진의 배경과 현황 그리고 문제점과 당면 과제들에 대해 살펴보았다.

---

4 제28차 4차산업혁명위원회 전체회의 보도자료

2) 국내 4차 산업혁명의 외식산업 적용현황

4차 산업혁명의 핵심기술들은 전체 산업에 적지 않은 영향을 끼쳤다. 외식산업에는 COVID19의 전파전염을 막기 위한 보건정책으로 인해 발생한 시간과 공간의 제약을 극복하게 하였으며 ICT 기술의 발전과 생산, 유통, 서비스에 적용된 4차 산업혁명의 핵심기술들은 4차 산업혁명으로 인한 사회변화에 대한 수용 가능성과 발전성을 시험할 수 있는 좋은 기회가 되었다.

4차 산업의 기반이 되는 IT(information technology)기술은 눈부시게 발달해 왔다. 이는 3차 산업혁명에서 이미 지식정보 혁명을 통해 단련된 덕분이다.

외식산업에 있어 4차 산업혁명의 화두 중 하나는 푸드테크(foodtech)이다. 푸드테크란 말 그대로 식품(food)과 기술(technology)의 합성어이며 식품산업과 관련 산업에 앞에서 설명한 인공지능, 사물인터넷, 빅데이터 등의 4차 산업기술을 적용하여 새로운 산업을 창출하는 기술을 말한다.

이제는 거의 모든 사람이 소유하고 있는 모바일 폰으로 온라인을 이용한 음식주문, 배달서비스는 일상화되어 있다. 이런 변화는 단기간에 유행할 것이 아니라 앞으로 더욱 빠르게 발전할 것이라고 예상하고 있다. [그림 3-5]는 4차 산업혁명에 의한 외식산업 변화의 단편적인 예이며 다음 장의 내용들은 그간 뉴스와 언론에 보도되었던 자료들로 4차 산업혁명의 외식산업 적용에 대한 케이스 스터디이다.

| 그림 3-5 | 4차 산업혁명과 외식산업의 변화

출처: LG이노텍 홈페이지

가. 푸드테크 기반의 온라인 플랫폼

| 그림 3-6 | **푸드테크의 산업 연계성**

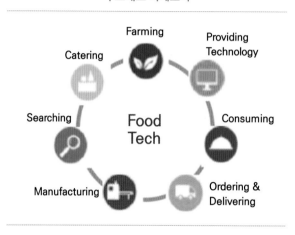

출처: 한국외식산업경영연구원

이미 우리나라 외식배달 애플리케이션이나 식당을 이용할 수 있는 앱(app) 등은 이제는 너무도 친숙한 서비스가 되었다. 그러나 이것은 단순히 스마트폰의 발전으로 이루어진 소비형태가 아닌 푸드테크(foodtech)기술이 기반이 된 것이다.

나. 빅데이터(big data)

(1) 파리바게뜨

| 그림 3-7 | **파리바게뜨의 적정 주문량 제안 시스템**

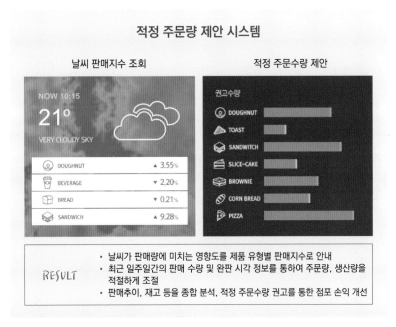

출처: spcmagazine.com

빅데이터(big data)를 통한 정보의 수집과 가공 활용을 위한 기술은 나날이 발전하고 있다. 외식사업은 특성상 생산한 상품을 장기간 보관하기 어렵고 수요예측이 재고와 밀접한 관계를 맺고 있어 수요예측에 의한 계획생산이 중요하다.

즉 어떤 날 어떤 제품이 많이 팔릴지 정보를 가지고 있는 것만으로도 외식업의 재고관리에 도움이 되며 매출과 수익에 영향을 끼친다. 쉽게 생각하자면 비 오는 날 생선회를 피하게 되는 것처럼 영업에 영향을 주는 환경에 대한 정보를 누적하여 분석하고 이를 활용하는 것이 빅데이터의 활용이다.

국내에서는 파리바게뜨가 날씨를 중요한 변수로 보고 고객 구매이력 데이터와 날씨 분석을 통해 제품별 적정 주문량을 자동으로 제안해 주는 시스템을 개발하여 활용하였다. 제빵업소는 제품 특성상 대부분 당일 생산한 제품을 당일 소진하는 것이 수익에 영향을 주기 때문에 이 같은 시스템을 통해 재고와 주문 수량을 조절할 수 있는 시스템을 갖추는 것은 매우 효과적이며 중요하다.

(2) KT, 배달상권 빅데이터 서비스

| 그림 3-8 | **KT 빅데이터 서비스**

출처: 한경닷컴

KT는 배달 서비스를 원활히 하기 위해 빅데이터를 기반으로 한 'KT 잘나가게 배달 분석' 서비스를 출시했다. 이 서비스는 식당·베이커리·카페 등 각 점포의 상권 내 배달수요를 점포를 중심으로 구매정보를 확인할 수 있도록 정보를 제공하여 배달광고를 노출함으로써 적중률을 높일 수 있게 하였다.

다. 인공지능(AI)

(1) CJ 바이오파운드리(Biofoundry)

바이오파운드리는 인공지능(AI), 로봇기술 등을 합성생물학에 적용한 플랫폼으로써 바이오산업의 속도와 효율성을 높이는 플랫폼을 말한다.

바이오기술은 인간과 동물의 생물학적 특성을 결정하는 DNA를 부품처럼 활용하여 자연계에 존재하지 않는 DNA를 설계하고 이용하는 기술을 연구하는 분야이며, 일반적으로 제약회사에서 신약개발에 많이 사용되고 있다. 바이오기술의 경우 촉망받는 분야이나 방대하고 복잡한 데이터와 실험 연구에 시간이 많이 소요되는 단점이 있었다.

| 그림 3-9 | **바이오파운드리를 통한 생산과정**

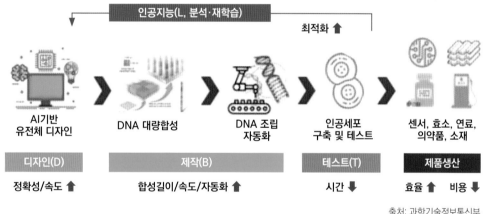

출처: 과학기술정보통신부

기계나 전자 분야처럼 이미 해석이 완료된 유전 정보 조각들을 부품으로 이용해서 고도화된 유전자 모듈을 만들기 위해서는 많은 시간이 소요되는데 이 부분을 인공지능과 로봇을 도입, 속도와 규모를 확장하고, 빅데이터를 통해 생물학적 다양성 문제를 극복하였다. 과학기술정보통신부에 따르면 산업통상자원부를 중심으로 연관된 연구기관과 기업이 활용 가능한 총 6천852억 규모의 '바이오파운드리의 구축 및 활용기술개발 사업'을 기획해 2023년부터 2030년까지 추진될 예정이다.

1964년 MSG사업을 시작으로 BIO식품사업을 시작한 CJ제일제당은 바이오파운드리 시설을 도입, 균주 개발 및 생산공정을 자동화하였다.

(2) 롯데제과 엘시아(LCIA)

'엘시아'는 2018년 롯데제과가 도입한 AI를 활용한 트렌드 예측시스템이다. 상당히 방대한 양의 SNS 데이터 및 자체 CRM 정보와, L-point. POS 데이터 등 각종 자료 등을 기초로 자체 시스템 알고리즘을 이용하여 제품에 대한 트렌드를 예측하여 최적의 신제품 아이디어를 추천하는 플랫폼이다.

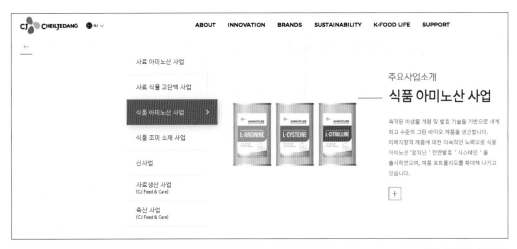

출처: CJ BIO 홈페이지

| 그림 3-10 | 엘시아가 추출한 2020년 트렌드

출처: 롯데제과/뉴스

라. 대체육(meat analogue)

전 세계인의 식량으로써의 단백질은 수요가 증가하고 있으며 육류에 대한 수요는 2050년까지 약 60% 증가할 것으로 예상된다. 그러나 세계 인구가 100억을 향해 증가함에 따라 공급이 이를 실제로 충족시키지 못하는 실정이다.[5]

단백질 생산을 위해 지구 면적의 30%에 해당하는 전체 농지의 70%가 가축 생산에 사용되고 있다. 농업 축산은 온실가스 배출량의 18%를 차지하고 있어 환경에도 큰 영향을 주는 요인이다. 유엔식량농업기구(FAO)에 따르면 전 세계 곡물 생산량의 1/3이 가축사료로 사용되고 있으며 최근 육류 소비로 인한 환경문제, 건강에 대한 인식, 동물을 사육하고 도축하는 데 따른 동물복지와 같은 윤리적 문제의 해결 대안으로 떠오른 대체육이 새로운 수요로 부상하고 있다.

---

5 www.cjbio.net

(1) 대체육(meat analogue)의 정의

대체육이란 육류를 대체할 수 있는 대체 단백질로 초기에는 '인조고기'라 불렸으며 콩을 주원료로 만든 고기와 비슷한 질감의 식물성 인조고기였다. 오늘날 식품제조 기술의 발전으로 실제 고기와 비슷한 외형, 식감을 갖추게 되면서 육류를 대체할 수 있는 '대체육'으로 통용되고 있다.

대체육은 도축된 동물이 아닌 동물세포의 체외세포 배양에 의해 생산된 단백질(고기)이다. 이렇게 생산된 단백질은 미래의 진정한 육류 대안으로 여겨져 왔으며 그동안 동물조직에서 채취한 세포를 사용하여 배양, 증식 및 식용 육류제품을 생산할 수 있는 수준까지 도달하였다.

대체육의 유형은 식물을 이용한 식물육(plant based meat), 동물세포를 배양하는 배양육, 넓게는 곤충까지 대체육으로 구분하고 있다.[6] 대체육 중 배양육은 다른 대체육에 비해 생산과정이 복잡하고 생산시간이 오래 걸리며 비용이 많이 들어 아직도 많은 연구가 필요한 상황이다.

표 3-1 대체육의 종류

구분	주요특징
식물성 대체육	주로 콩이나 밀, 버섯, 호박 등 식물에서 추출한 단백질로 육류와 비슷한 형태를 가지며 맛과 영양도 유사하게 제조된 식품 * 대체식품 시장에서 가장 큰 비중(87.2%) 차지
줄기세포 배양육	동물에서 채취한 줄기세포에 영양분을 공급해 증식시키는 방식으로 조직을 배양한 식품을 말하며, 시험관에서 배양되었다는 의미로 '시험관 고기'라 불리기도 함
균류 단백질	버섯곰팡이류에서 추출해 낸 균단백질(mycoprotein)로 만든 식품을 말하며, 실험실에서 배양한 특수 균을 이용해 동물성 단백질을 대체할 수 있도록 개발된 식품
곤충 단백질	식용곤충의 단백질로 제조한 식품으로 주로 굼벵이로 알려진 흰점박이꽃무지 애벌레, 갈색 거저리 애벌레, 메뚜기, 번데기 등을 사용함
해조류 단백질	친환경적 방식으로 생산되는 단백질 대체식품이며, 특히 스피루리나는 단백질 함유량이 약 70%로 높아 미래 식량자원으로 각광받고 있음

출처: 농식품수출정보(2021), 글로벌 대체육 식품시장 현황 조사보고서

---

6 정아현 외(2021), 대체육 생산 기술(Production Technologies of Meat Analogue), 서울과학기술대학교 식품공학과, 축산식품과학과 산업.

농촌진흥청에 따르면 전 세계 대체육 시장은 지속 성장 추세이며, 해외시장은 푸드테크 기업이 주도하고 있고, 국내 시장에서는 채식 선호 트렌드와 함께 성장할 것으로 예상된다. 세계 대체육 시장 규모는 2019년 47억 달러의 규모로 급성장했으며 2023년에는 60억 달러 규모로 전망된다고 한다.

최근 국내에서도 환경과 식량 문제가 대두되면서 업계 내 신성장 동력으로 주목받고 있다. 국내 대체육 시장 규모는 약 200억 원 수준이며 환경문제와 가치 소비에 대한 관심이 나날이 증가하여 수요도 빠르게 늘고 있어 성장 가능성이 매우 높은 시장이다. 또한 가정 간편식(HMR)을 대량으로 생산하는 산업화의 단계로 진화하고 있다.

배양육으로 만든 최초의 배양육 햄버거에 대한 시도는 네덜란드의 마크포스트(Mark Post) 교수에 의해 이루어졌다. 그는 2013년 소의 줄기세포 근육조직을 배양하여 만든 버거를 제조하였으나 제조비용이 30만 달러(3억 원) 이상 소요되었으며 시간도 상당부분 소요되었다.

| 그림 3-11 | 2013년 네덜란드 마스트리히트(Maastricht)대학의 마크포스트(Mark Post) 교수는 세포에서 직접 재배한 버거패티를 만들어 배양육에 대한 개념증명을 최초로 선보였다.

출처: Creative Commons, Sebastiaan ter Burg

미국 캘리포니아주 샌프란시스코에 본사를 둔 푸드 테크 기업 잇저스트(Eat Just)는 식물성 대체 달걀인 저스트 에그(JUST Egg) 브랜드를 국내에 공식 출시한다고 20일 밝혔다. 업체에 따르면 저스트 에그는 녹두에서 추출한 단백질에 강황을 더해 달걀의 식감과 색을 만들어냈다. 단백질 함량은 천연 달걀과 비슷한 반면 콜레스테롤 성분은 없다. 비유전자변형식품 인증(Non-GMO Project verified)을 받았다.

2021년 7월 기준 저스트 에그의 전 세계 누적 판매량은 1.6억 개다. 저스트 에그는 2019년 미국 시장에서 첫 선을 보인 후 캐나다, 중국, 홍콩, 싱가포르, 남아프리카공화국에 이어 한국 시장에 진출한다. 지난해 국내 식품 기업 SPC삼립과 전략적 파트너십을 체결하고 충북 청주 소재 SPC프레시푸드팩토리에서 저스트 에그 제품(액상 타입)을 제조해 국내에 유통한다. 소비자 유통채널뿐만 아니라 파리바게뜨, 파리크라상 등 SPC그룹 계열 브랜드들을 시작으로 B2B(기업 간 거래) 시장도 진출해 공급을 확대할 예정이다.

국내 출시 제품은 사각형 오믈렛 형태의 제품인 저스트 에그 폴디드(JUST Egg Folded)와 액상 형태로 된 저스트 에그 제품 2종이다. 잇저스트의 공동 창업자이자 CEO인 조시 테트릭(Josh Tetrick)은 "드디어 한국 소비자들에게 저스트 에그를 소개할 수 있어 매우 기쁘다"라며 "SPC삼립의 식품 제조 기술력을 통해 잇 저스트의 다양한 제품을 선보이겠다"고 밝혔다.

출처: 동아닷컴(2021)

2020년 12월에는 세계 최초로 배양육의 상업적 판매가 싱가포르에서 시작되었으며 푸드테크기업인 잇저스트(Eat Just)가 배양된 닭고기에 대한 상업적 승인을 싱가포르 식품청(SFA)으로부터 받았다.

| 그림 3-12 | **전 세계 대체육 시장규모**

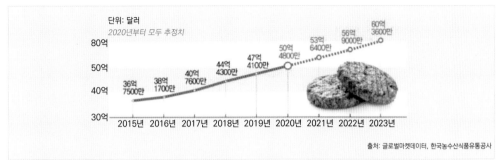

단위: 달러
2020년부터 모두 추정치

출처: 글로벌마켓데이터, 한국농수산식품유통공사

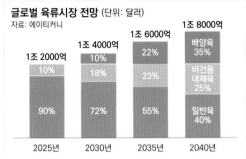

글로벌 육류시장 전망 (단위: 달러)
자료: 에이티커니

현재 세계 육류시장 대비 대체육 시장 비중은 1~2% 정도지만, 가치소비와 윤리적 소비를 중시하는 신소비 트렌드로 2030년에는 전 세계 육류시장의 약 28%를 상회하며, 전문가들은 2040년에는 전체 육류시장의 과반 이상(60%)을 차지할 것으로 전망한다.

출처: A. T. Keamey

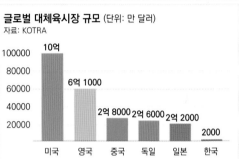

글로벌 대체육시장 규모 (단위: 만 달러)
자료: KOTRA

국가별로는 미국이 약 10억 달러(21.0%) 규모로 가장 큰 시장을 형성하고 있고 영국이 6.1억 달러(12.9%), 중국이 2.8억 달러(6.0%), 독일이 2.6억(5.5%), 일본이 2.2억(4.7%), 우리나라는 0.2억 달러로 38번째이다.

출처: KORTA, 국가별 대체육 시장 규모

(2) 대체육의 현황

◈ 높은 생산비용과 복잡한 공정 및 소요시간의 개선이 필요

◈ 사육 및 도축과정에서 문제가 되는 동물복지문제에 대한 개선책

◈ 식량생산으로 발생하는 환경문제에 대한 해결대안

◈ 안정성에 대한 연구와 기준 마련이 필요함

(3) 위미트

농림축산식품부가 우수 벤처·창업기업으로 선정한 식물성 닭고기 대체육을 개발해 판매하는 ㈜위미트는 고수분 대체육 제조방식(HMMA)으로 국내산 버섯을 활용해 100% 식물성 닭고기 대체식품을 개발했다. HMMA는 식물성 단백질을 추출해 물과 혼합하고 압출기 내에서 가열·압출한 다음 냉각하는 대체육 제조기술이며 기존의 식물성 고기의 주원료인 콩, 밀 등의 단백질 성분에서 벗어난 기술로 대체육의 식감과 특이한 냄새를 개선하였다는 평가를 받고 있다.

| 그림 3-13 | 쌍축압출성형기를 이용한 식물성 대체육 고수분 압출성형공정

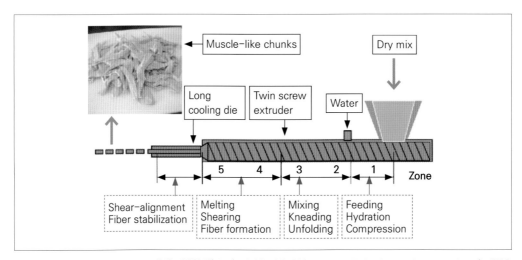

출처: 정아현 외(2021), 대체육 생산 기술(Production Technologies of Meat Analogue), 재인용

(4) 국내 주요 대체육 생산기업

롯데푸드	**롯데리아**	**동원F&B**	**CJ**	**지구인컴퍼니**
통밀에서 추출한 단백질로 닭고기 대체육 개발	대체육 패티를 활용한 미라클버거 출시	미국 비욘드미트사와 독점공급계약	농축대두단백업체 '셀렉타'를 인수하여 사료용 대체육 생산 착수	우리나라 대표 푸드테크 스타트업으로 견과류 활용 대체육 생산

출처: 농식품수출정보(2021), 글로벌 대체육 식품시장 현황 조사보고서

진짜 고기 뺨치는 가짜고기 전쟁…
버섯으로 식감 살리고, AI로 분자분석

채식주의자뿐 아니라 MZ 세대까지 식물성 식품에 열광하면서 대체육 기술 개발 경쟁이 치열하다. 스타트업부터 대기업까지 '보다 더 고기에 가까운 가짜 고기'를 만들기 위해 기술력을 키우고 있다. 이전까진 콩고기가 대세였다면 요즘엔 버섯이나 곤약, 마카다미아같이 다채로운 재료를 활용해 고기의 식감을 살린다. 또 단백질 압출 후 수분을 주입하는 별도의 냉각과정을 개발하거나, 분자 데이터를 인공지능(AI)으로 분석해 고기의 맛을 최대한 끌어올리는 첨단기술도 동원한다.

♦ 버섯, 마카다미아에 AI까지 동원

대체육 스타트업 '위미트'는 버섯을 이용해 닭고기의 찢어지는 식감을 구현하고 있다. 버섯을 분쇄한 뒤 가

열·압축 과정을 거쳐 고기처럼 단단하게 응고시키고, 이후엔 바로 공기 중에서 건조하지 않고 한 차례 냉각해 수분을 가둔다. 위미트 안현석 대표는 "기존 콩고기 제조공정에서 한 발 더 나아가 냉각한 결과 치킨의 질감까지 구현할 수 있었다"고 했다.

위미트 안현석 대표가 2022년 1월 20일 서울 강동구 천호대로 서울먹거리창업센터에서 자체 개발한 식

물성 원육의 찢어지는 결을 보여주고 있다. 대체육 기술 경쟁이 치열해지면서 맛과 향을 넘어 버섯으로 찢어지는 식감까지 구현한 것이다. /김연정 객원기자

또 다른 대체육류 스타트업 '더플랜잇'은 자체 보유한 식품의 분자 데이터를 활용했다. AI를 통해 닭고기 맛을 가장 완벽하게 구현할 수 있는 식품을 찾았는데, 마카다미아와 땅콩이었다. 더플랜잇 양재식 대표는 "비슷한 식품을 찾은 뒤엔 필요 없는 부분을 덜어내고 후가공으로 수분감을 더했다"며 "닭고기 맛을 80% 이상 구현한 상태"라고 했다.

더플랜잇은 지난해 동물성 단백질 대체 공급원 개발을 위한 글로벌 경진대회 '엑스프라이즈 미래의 단백질 개발'에서 국내 스타트업으로선 유일하게 준결승에 진출했고, 막판 기술 개발에 박차를 가하고 있다.

비건 식품 개발 스타트업 바이오믹스테크는 콩과 밀, 해초, 곤약, 버섯 등을 이용해 대체육을 만든다. 자체 식물성 조직 단백질(Textured Vegetable Protein) 제조기술로 씹는 질감을 구현했다.

♦ 식물성 고기 개발이 대세?

대체육 기술 개발은 '무엇이 진짜 고기 맛인가'에 대한 고민에서 여러 갈래로 나뉜다. 고기 특유의 감칠맛, 단단한 질감, 찢어지는 식감 등 중점 분야에 따라 기술 개발 방향도 달라진다. 줄기세포나 근세포를 배양한 '배양육' 방식으로도 대체육을 만들 수 있지만, 기술 개발이 어려운데다가 아직 비용문제가 남아 있다. 식물성 대체육은 배양육에 비해선 기술 개발 진입 장벽이 낮고, 비용도 적게 들어 제품 출시가 빠른 편이다. 이 때문에 대체육 회사들이 식물성 고기에서부터 기술 개발을 시작하는 경우가 많다고 한다.

식물성 고기 시장은 2019년 기준 121억 달러 규모로 추산되고, 연평균 14.9%씩 상승해 2025년엔 279억 달러에 이를 것으로 예상되고 있다. 성장세가 뚜렷해 여러 벤처캐피탈(투자 회사)에서도 대체육 스타트업에 적극적으로 투자하는 분위기다. 푸드테크 기업 '올가니카'는 최근 중국 최대 국영기업 중신그룹의 씨틱캐피탈에서 428억 원 투자를 유치하기도 했다. 이번 투자를 통해 올가니카는 중국 대체육 사업 진출에 박차를 가할 계획으로 알려졌다.

♦ 대기업도 줄줄이 대체육 사업

국내 대기업들도 대체육 기술 개발과 브랜드화에 줄줄이 나서고 있다. 농심은 지난해 비건 브랜드 '베지가든'을 론칭했고 올해엔 비건 레스토랑 오픈을 계획하고 있다. 농심은 독자 개발한 HMMA(high moisture meat analogue) 공법으로 실제 고기와 유사한 맛, 식감을 구현한 식물성 고기를 만들고 있다.

이마트가 수도권 20개점 내 축산 매장에서 푸드테크 스타트업 '지구인컴퍼니'의 대체육을 판매한다고 밝혔다. 사진은 식물성 대체육 브랜드 '언리미티드' 제품 4종을 소개하는 모델들(연합뉴스)

2016년부터 대체육을 연구해 온 신세계푸드는 최근 대체육 브랜드 '베러미트'를 만들고, 돼지고기 대체육 햄 '콜드컷'에 이어 대체육 치킨 너깃도 출시했다. 이밖에 롯데푸드는 식물성 고기 '제로미트' 라인을 출시했고, 롯데리아는 대두와 밀을 이용한 '미라클 버거'를 선보였다.

출처: 조선일보, 2022년 4월 24일

대체육의 맛은 어떻게 낼까?

CJ제일제당 차세대 조미소재 '테이스트엔리치', 글로벌 시장 안착

CJ제일제당의 차세대 조미소재 '테이스트엔리치(TasteNrich®)'가 글로벌 조미소재 시장 트렌드 변화를 이끌며 빠르게 성장하고 있다.

| 그림 3-14 | CJ제일제당 테이스트엔리치 (TasteNrich®) 로고

클린 라벨(Clean Label) 식물성 발효 조미소재… 출시 6개월 만에 매출 50억 원 돌파

※ 클린 라벨 : 무첨가, Non-GMO, Non-알러지, 천연 재료, 최소한의 가공 등의 특성을 지닌 식품이나 소재를 일컫는 용어. 최근 글로벌 식품시장에서 소비자가 매우 중요하게 생각하는 가치로 부상하고 있음

| 그림 3-15 | 미래 조미 소재로 인정받고 있는 CJ제일제당 테이스트엔리치 제품

CJ제일제당은 클린 라벨(Clean Label) 식물성 발효 조미소재 '테이스트엔리치'가 11월 말 기준으로 매출 50억 원을 돌파했다고 15일 밝혔다.

지난 5월 공식 출시 이후 약 반년 만에 이룬 성과다. 기존에 없던 새로운 소재임에도 불구하고 대형 거래처를 잇달아 확보하면서 빠르게 시장에 안착했다는 평가다. '테이스트엔리치'는 CJ제일제당이 60여 년간 쌓아온 발효기술을 비롯한 R&D 역량이 집약된 차세대 조미소재다.

일체의 첨가물이나 화학처리 등 인위적 공정 없이, 사탕수수 등 식물성 원료를 발효시키는 과정에서 생성되는 감칠맛 발효성분으로만 만들었다.

CJ제일제당은 10년간의 연구개발을 거쳐 차별화된 천연 발효공법으로 대량생산에 성공하고 지난 5월, MSG와 핵산이 주류인 조미소재 시장에 출사표를 던진 바 있다.

특히, 공급계약을 맺은 주요 글로벌 기업들의 면면을 살펴보면 '테이스트엔리치'가 미래 조미소재로 인정받고 있음을 알 수 있다. 세계 최대 규모의 대체육 기업이 대표적인 사례로, 이 기업은 '테이스트엔리치'의 특성에 주목했다.

'대체육'과 마찬가지로 조미소재 역시 건강을 고려한 '미래 제품'을 선택한 것으로 알려졌다. 맥도날드나 버거킹 등 초대형 패스트푸드 기업에서도 대체육을 도입하는 등 글로벌 대체육 시장의 성장세가 매우 가파르다는 점을 감안하면, 이번 공급계약은 '테이스트엔리치' 수요 확대에 기폭제가 될 전망이다. 미국 시장조사업체인 CFRA에 따르면 2018년약 22조 원 규모였던 글로벌 대체육 시장 규모는 2030년 116조 원대로 성장할 것으로 추정된다.

이외에도 '테이스트엔리치'는 북미 대형 향신료·소스류 업체 및 식품업체와 잇달아 계약에 성공하며 31개국 100여 개 업체를 대상으로 제품을 공급하고 있다. 국내에서도 나트륨을 기존 대비 25% 줄인 '스팸

마일드'와 건강간편식을 표방한 '더비비고' 일부 제품에 사용되고 있다.

팬데믹 이후 건강에 대한 관심 증가… MSG 등 기존 식품첨가물 대체하며 성장 가속 전망

이처럼 출시 이후 시장 영향력을 빠르게 확대하고 있는 것은, '테이스트엔리치'가 첨가물이 아닌 '발효 원료'로 차별화에 성공했기 때문이다. MSG 등 기존 식품 조미소재는 '첨가물'로 분류되어 '클린 라벨'에 부합하지 못한다.

다른 첨가물 없이 원재료와 '테이스트엔리치'만으로 맛을 낸 가공식품은 '무첨가 식품', '클린 라벨 식품'으로 인정받는다. '테이스트엔리치'는 스스로 감칠맛을 내 원재료 본연의 맛을 극대화하면서, 나트륨 함량 거의 없이 짠맛을 높여준다.

CJ제일제당은 '테이스트엔리치'의 성장에 속도를 낼 방침이다. 인도네시아 좀방 공장에 전용생산 라인을 구축하는 한편, 그린 바이오 사업 성장 과정에서 확보한 글로벌 공급망을 토대로 '기술 마케팅'에도 힘을 쏟는다.

'기술 마케팅'은 단순히 제품에 대한 설명뿐만 아니라 고객의 구체적 요구와 문제점에 대한 '맞춤형 솔루션'을 제시하는 미래지향적 영업/마케팅 방식이다. 이를 통해 '테이스트엔리치'를 현재 압도적 글로벌 1위 품목인 '핵산'의 뒤를 잇는 핵심 제품으로 육성할 계획이다.

CJ제일제당 관계자는 "보다 건강한 제품을 만들고자 하는 글로벌 기업들에게 '테이스트엔리치'가 경쟁력 있는 대안이 될 수 있다는 것을 확인했다"면서, "약 7조원 규모의 조미소재 시장의 성장과 진화를 이끌 것"이라고 말했다.

출처: CJ제일제당, 보도자료, 생명공학&네트웍스, 2020.12.15

마. 로봇(robot)

'로봇(robot)'이라는 용어는 1920년 체코어 희곡 RUR(rossumovi univerzální roboti – Rossum의 universal robots)에서 카렐 차펙(Karel Čapek)[7]의 가상의 인간을 나타내는 데 처음 사용되었다.

---

7 카렐 차펙(Karel Čapek): 체코의 작가이자 극작가, 비평가. 그는 소설 『뉴츠와의 전쟁』(1936)과 '로봇'이라는 단어를 도입한 연극 RUR을 비롯한 공상과학소설로 가장 잘 알려져 있다.

| 그림 3-16 | 시간을 알리는 기계인형이 있는 Su Song의 천문 시계탑

출처: 위키커먼스, Bulletin-United States National Museum(1959)

인류역사상 로봇에 대한 인간의 상상력과 이를 구현하기 위한 시도에 대한 기록은 기원전으로 거슬러 올라 그리스 신화에서부터 인간을 닮은 자율체에 대한 이야기가 나온다. 그리스의 신 헤파이스토스(Hephaistos)[8]가 창조한 기계하인, 자신이 만든 조각상과 사랑에 빠진 피그말리온(Pygmalion)[9]과 같은 그리스신화의 전설들은 인간을 대신하는 자율체에 대한 인간의 상상력을 잘 묘사하고 있다.

현실적으로 인간의 편리를 위해 발명된 로봇의 개념과 유사한 자동화기기의 시초 역시

---

8 헤파이스토스(Hephaistos): 금속 세공, 석조, 단조, 조각 예술, 기술 및 불의 신, 대장장이의 신으로 제우스와 헤라 사이에 태어난 것으로 전해진다.
9 고대 그리스의 왕이자 조각가. 자신이 만든 조각상과 사랑에 빠지고 조각상이 사람으로 변해 결혼하게 된다는 오비디우스의 서사시 메타모포스(metamorphoses)에 나오는 전설의 인물

오래전부터 시작되었다. 고대 그리스의 발명가이자 수학자였던 크테시비우스(Ctesibius, BC 270)는 공기의 압력(공압)을 이용한 오르간과 물시계를 만들었으며, 중국 무왕 때는 인간의 모습을 한 인형에 대한 기록이 나온다. 중국의 수학자이자 과학자였던 수송(Su Song, 苏颂)은 1066년 시간을 알리는 인형이 있는 기계를 개발하는 등 오래전부터 인류는 인간의 노동력을 대신할 수 있는 자율체를 개발해 왔다.

현대의 자율로봇은 디지털기술과 기계공학이 집약되어 인간과 유사한 형태, 동작, 심지어 사고까지 하는 AI의 등장까지 눈부신 발전을 거듭하고 있으며 빠르게 발전하고 있다. 로봇의 종류는 사용 목적과 쓰임새에 따라 자동차 제작과 같은 생산라인에 투입되는 산업용 로봇, 이미 대중화되어 가정에서도 사용되는 로봇 청소기와 같은 모바일 로봇, 군사용 로봇, 의료시설에서 사용되는 수술용 로봇, 노인 및 장애인을 위한 간병로봇 등 다양한 분야에 사용되고 있다.

이 책에서는 이런 로봇기술들이 어떻게 외식산업에 적용되고 있는지 그 현황에 대해 국내 사례를 통해 학습하도록 하겠다.

[로봇시대 개막] 드론·키오스크도 로봇일까?

– 세계 로봇시장, 2020년 약 32조 → 2030년 약 200조 성장
– 산업용·서비스용 로봇 대분류… 협동로봇부터 드론·키오스크까지 포함하기도

'공장에서 쓰이는 로봇과 식당에서 사용되는 로봇은 어떻게 다를까?' '드론과 키오스크도 로봇일까?' 로봇에 대해 자주 등장하는 질문이다. 오늘날 로봇은 그 어느 때보다 일상 속에서 익숙하게 마주할 수 있는 기기로 자리 잡았지만 확실한 정의를 내리기란 쉽지 않다. 그렇다면 업계에서는 어떤 기준으로 로봇을 구분하며, 각 시장 현황은 어떻게 될까.

8일 시장조사기관 보스턴컨설팅그룹에 따르면 세계 로봇시장은 지난 2020년 250억 달러(약 32조 7750억 원)에서 2023년 400억 달러(약 52조 4400억 원)로, 2030년에는 1600억 달러(약 209조 7600억 원)로 성장할 것이라고 전망했다.

♦ 로봇, 어떻게 분류할까?

로봇의 대정의는 '스스로 보유한 능력으로 일을 수행하는 기기'다.
그렇다면 드론과 키오스크 역시 로봇일까. 답은 '그럴 수도 아닐 수도 있다'다. 한국로봇산업진흥원 관계자는 "로봇의 범위를 넓게 보면 컴퓨터부터 드론, 키오스크까지 모두 로봇이지만 어떤 기준에서는 포함되지 않는다. 업계나 학계에서도 답변이 엇갈린다"라고 설명했다.

로봇은 기본적으로 국제로봇연맹(IFR)의 기준에 따른다. IFR은 모든 로봇을 크게 산업용 로봇과 서비스용 로봇으로 분류한다. 산업용 로봇은 공장 등 산업현장에서, 서비스용 로봇은 가게에서 볼 수 있는 로봇이라고 생각하면 쉽다.

산업용 로봇은 제조 로봇이라고도 불린다. 주로 용접이나 이송 등 사람의 힘만으로는 수행하기 어려운 작업을 수행한다. 이 때문에 현장에서 작동하려면 안전장치 등이 반드시 동반돼야 한다.

서비스용 로봇은 다시 전문 서비스용 로봇과 개인 서비스용 로봇으로 세분화된다. 전문 서비스용 로봇은 의료나 구조 등 특정 산업군에서 목적을 가지고 전문적인 작업을 수행한다. 개인 서비스용 로봇은 가정에서 활용되는 제품을 일컫는다. 로봇청소기가 가장 대표적이다. 90년대 후반 소니가 출시한 강아지 모양 로봇 '아이보' 역시 개인 서비스용 로봇에 해당한다.

로봇시장에서 주류는 산업용 로봇이다. IFR가 공개한 보고서에 따르면 지난 2020년 기준 세계적으로 생산된 산업용 로봇은 38만 4000대, 서비스용 로봇은 13만 1800대다.

'협동로봇'이라는 개념도 있다. 협동로봇이란 안전 기능을 갖춰 인간과 로봇이 한 공간에서 함께 작업해 협동 운용이 가능한 로봇을 뜻한다. 협동로봇은 산업용 로봇과 서비스용 로봇 양쪽 모두를 아우르는 개념이다. '제3차 로봇산업'으로 분류된다.

산업용 로봇과 서비스용 로봇, 협동로봇보다 광의의 개념에서는 앞서 말한 드론과 키오스크도 로봇에 포함된다. 자율주행 자동차나 전동 킥보드와 같은 개인형 이동장치, 인공지능(AI) 스피커까지 이 영역에 해당한다.

출처: 디지털데일리, 2022.08.08

바. 서빙로봇

공상과학 영화에서나 보던 로봇에 의한 일상생활의 서비스가 점차 현실화되고 있으며 자리 잡아가고 있다. 식당에서는 서비스 로봇에 의해 음식을 운반하고 빈 그릇을 치우는 업무를 로봇이 대신해 가고 있다. 현재는 단순 운반 수준의 일을 로봇이 수행하나 앞으로 기술수준이 향상되면 보다 복잡한 업무를 수행하게 되리라 본다.

시장조사기관 스트래티지애널리틱스에 따르면 전 세계 서비스 로봇시장 규모는 2019년 약 35조 원에서 2024년 약 138조 원으로 성장하리라 예상하고 있으며, 국내 서빙 로봇시장 규모는 2021년 1,000대 수준에서 2022년에는 3배 늘어난 3,000대 규모로 커질 것으로 예상하고 있다.

(1) 딜리 플레이트(Dilly Plate)

딜리는 배달의민족이 국내에 처음 선보이는 레스토랑 전용 자율주행 로봇으로, 배달의민족이 투자

| 그림 3-17 | **자율주행 서빙로봇**

출처: 브이디컴퍼니

| 그림 3-18 | **딜리 플레이트**

출처: 배민로봇

한 미국 실리콘밸리의 로봇기술기업 베어로보틱스(Bear Robotics)가 개발했다.

주문을 받으면 최적 경로로 음식을 나르며, 사람이나 장애물을 만나면 자동으로 멈추거나 피한다. 배달의민족에 따르면 2022년 2월 기준 전국 500개 이상의 업소에서 배달의민족에서 개발한 로봇이 사람을 대신하여 서빙하고 있다고 한다.

(2) 딜리드라이브

배달의민족에 의해 개발 자율주행 배달로봇 딜리드라이브는 음식배달에 로봇을 활용한 최초의 'D2D(Door to Door) 로봇 배달서비스'이다.

이 서비스는 소비자가 세대 내에 비치된 QR코드를 스캔해 주문을 완료하면 상점에서 주문을 받아 로봇에게 음식을 싣고 배송명령을 내리면 로봇이 아파트 엘리베이터를 타고 이동하여 현관 앞까지 음식을 배달해 주는 배달업무를 완수한다.

(3) 호텔 룸서비스 로봇

전통적으로 호텔의 투숙객은 룸(room) 안에서 필요한 서비스를 인력에 의해 제공받아 왔다. 이를 룸서비스(room service)라 하며 호텔이 생긴 이래 이 서비스는 지속적으로 유지되고 있다. 다만 현대에 와서는 이 서비스를 사람이 아닌 로봇이 대체해 나가고 있다.

국내에서는 SK와 KT에서 이를 상용화하여 호텔에서 시범 운용하고 있으며 외국의 경우 로봇을 이용한 룸 서비스가 확산되어 인기를 끌고 있다.

기존에는 서비스를 제공받으면 팁을 지불해야 했

| 그림 3-19 | 딜리드라이브

Autonomous Driving Delivery Robot
dilly

출처: 배달의민족

| 그림 3-20 | 호텔 서비스로봇 시장 규모

호텔을 바꾸는 로봇

사비오크(美)	-메리어트·힐튼 등 주요 5개 호텔 체인에 서빙로봇 공급 -인텔·구글 등이 투자
게티그룹(美)	자율주행 숙박 로봇·침대 로봇·다국어 로봇 등 개발
징우(中)	중국 내 호텔 1000곳에 로봇 호텔리어 보급
SK텔레콤(韓)	인터불고호텔에 '인공지능 서빙고' 서비스
KT(韓)	노보텔 앰배서더 등 30개 호텔에 서빙로봇 상용화

출처: 각 사

서비스 로봇시장 규모

2021년 110억 달러
2023년 277억 달러

출처: 국제로봇연맹

는데 로봇은 팁을 받지 않으며 24시간 연중무휴로 서비스를 제공한다.

　실내 배송로봇은 호텔뿐 아니라 아파트 배달서비스의 실내전달 서비스 연결에도 활용되고 있다.

| 그림 3-21 | **호텔의 로봇 룸서비스(1)**

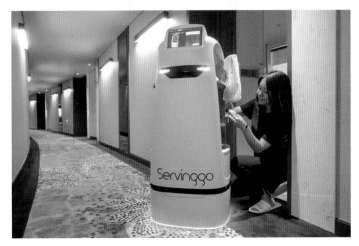

출처: 조선일보

| 그림 3-22 | **호텔의 로봇 룸서비스(2)**

출처: SK텔레콤 뉴스룸

(4) 바리스타로봇

커피를 만드는 일은 기계에 의해 커피를 추출한 후 얼음, 또는 물을 타거나 데커레이션을 하는 등의 과정을 거쳐 완성된다. 이런 일들을 기계가 하고 있다. 이미 몇몇 기업에서는 상용화하여 24시간 근무하는 바리스타를 두고 사업을 하고 있다.

| 그림 3-23 | **바리스타로봇**

출처: LiVE LG

| 그림 3-24 | **로봇카페**

출처: 비트코퍼레이션

로봇카페 best 4
로봇 바리스타가 최적의 맛을 찾아드립니다.

♦ 비트(b;eat)

주문부터 음료 수령까지 2분, 시간당 120잔 제조

비트(b;eat)는 프랜차이즈 커피 전문 브랜드 '달콤'이 세계 최초로 상용화에 성공한 로봇 바리스타다. 지난 4월 종영된 tvN 드라마 〈반의반〉을 통해 더욱 유명해졌다. 인공지능 기술이 탑재돼 모바일 기반의 음성 주문부터 취향에 따른 원두 선택이 가능하고, 시럽 양이나 농도도 조절할 수 있다. 아메리카노 기준으로 시간당 120잔의 빠른 공정을 자랑하며, 약 50가지의 고객 맞춤형 메뉴를 제조한다. 모바일 앱과 키오스크를 통해 메뉴를 주문하면 로봇이 해당 메뉴를 제조해 내놓는 방식이다. 주문에서 음료 수령까지 걸리는 시간은 약 2분. 가격은 아메리카노가 2000원으로 일반 카페의 절반 수준이다. 대형 가전매장, 아울렛, 리조트, 대학교, 대기업 내 카페테리아에 입점해 있으며 최근에는 고속도로 휴게소에도 진출했다. 올해만 20개 점포를 추가해 전국에 총 80개 매장을 운영 중이다. 올 하반기엔 수도권에 첫 DT(Drive Through) 매장도 개점한다.

♦ 라운지 엑스(Lounge X)

'바리스'가 알고리즘으로 핸드드립을

대부분의 로봇 바리스타가 전자동 방식으로 커피를 만드는 것과 달리 라운지 엑스(Lounge X)에서는 핸드드립 커피를 맛볼 수 있다.

출처: 라운지엑스 인스타그램

바리스타와 로봇의 협업 카페로, 로봇은 원두의 특성을 반영한 핸드드립 알고리즘을 통해 커피를 제공한다. 고객이 '로봇 드립' 메뉴를 주문하면 직원이 원두를 갈아 로봇 바리스타인 '바리스'에게 건넨다. 바리스는 드리퍼에 뜨거운 물을 부어 커피를 내린다. 원두 종류에 따라 물을 붓는 방식, 물줄기의 굵기, 물의 양과 온도 등을 조절한다. 라운지 엑스의 운영사인 라운지랩은 "바리스타 로봇을 통해 얻을 수 있는 효용이 무엇인지 고민하다 사람 손이 많이 가고, 시간이 많이 걸리는 핸드드립을 생각하게 됐다"라며, "사람 바리스타가 수많은 시도 끝에 찾아낸 원두별 최적의 드립 방식을 인공지능을 통해 학습시켰다"고 밝혔다. 한편 라운지 엑스에는 바리스 외에 직원이 태블릿 PC에 좌석 번호를 입력하면 테이블로 디저트를 가져다주는 서빙로봇 '팡셔틀'도 있다.

♦ 커피드메소드

빌리! 에스프레소 추출부터 세척까지 부탁해

커피드메소드는 반자동 커피 머신에서 추출한 에스프레소 기반의 커피 음료를 맛볼 수 있는 로봇카페다. 주문이 들어오면 '빌리'로 불리는 로봇 바리스타가 분주히 움직이기 시작한다. 사람의 팔처럼 생긴 빌리가 그라인더에서 원두를 받아 탬핑(분쇄된 커피를 다지는 것)한 후 머신에 장착해 에스프레소를 내리는 데까지 걸리는 시간은 1분 남짓. 직원이 빌리와 연결된 태블릿 PC의 버튼을 누르면 설정된 프로그램에 따라 에스프레소나 아메리카노를 제조한다. 첫 번째 팔이 에스프레소를 내리면, 두 번째 팔은 주문에 따라 우유, 얼음, 물, 시럽 등을 첨가한다. 그동안 에스프레소 추출 임무를 끝낸 첫 번째 팔은 원두 찌꺼기를 모으고, 필터 홀더를 세척하며 다음 주문을 준비한다. 음료 제조에서 후처리까지의 과정이 신속하고 깔끔하다. 주문 처리와 손님 응대, 우유나 휘핑크림 추가 등은 직원의 몫이다. 로보틱스와 미디어 융복합 기업 '상화'가 선보인 야심작으로 남산서울타워와 삼성동, 두 곳에 매장이 있다.

출처: 커피드메소드 인스타그램

♦ '카페 봇'

커피 봇+디저트 봇+칵테일 봇=환상의 트리오

지난해 8월 문을 연 카페 봇은 로봇이 주방을 책임지고 있는 독특한 콘셉트로 오픈 직후부터 성수동의 핫 플레이스로 떠올랐다. 카페 봇에는 각각 커피, 칵테일, 디저트를 담당하는 세 대의 로봇이 근무 중이다. 드립봇은 핸드드립 커피를 만든다. 일정한 온도와 정량 추출을 통해 미국 3대 스페셜티 커피 중 하나로 꼽히는 인텔리젠시아의 브루잉 커피를 편차 없이 완성한다. 디저트 봇은 고객이 선택한 그림이나 메시지를 케이크 위에 그려준다. 드링크봇은 칵테일, 무알코올 음료 등 레시피에 따라 재료를 배합하고 사람 바텐더처럼 화려한 셰이킹 퍼포먼스를 선보여 특히 인기가 높다. 카페 봇을 운영하고 있는 '티로보틱스'는 산업용 로봇 전문업체로, 카페 봇을 시작으로 푸드 테크 분야에 본격 진출했다. 앞으로 로봇이 만드는 메뉴를 더욱 늘려갈 계획이다.

출처: 조선닷컴, 2020.10.13

사. 무인 주문 시스템 키오스크(kiosk)

키오스크(kiosk)는 이미 상용화되어 널리 보급되어 더이상 낯선 시스템이 아니며 오히려 자연스런 시스템이 되었다.

비대면이 필요한 환경변화도 키오스크(kiosk)의 보급과 활성화에 큰 역할을 하였고 외식시장의 인력부족을 해소하는 방안으로 키오스크(kiosk)는 환영받고 있다. 키오스크의 장점인 인건비 절감효과는 외식사업을 경영하는 사업주들에게는 큰 매력 포인트이다.

2015년 매장에 키오스크를 처음 도입한 맥도날

| 그림 3-25 | **키오스크**

출처: 삼성전자

드는 2021년 약 5년 만에 국내 점포의 약 70%인 280여 곳에 키오스크를 설치했다. KFC는 이미 2018년 주요 프랜차이즈 중 최초로 전국 모든 매장 200여 곳에 키오스크를 도입했다. 맘스터치도 전체 1,300여 개 매장 가운데 33%에 키오스크가 설치돼 있다.

앞에서 사례로 살펴본 바와 같이 4차 산업혁명으로 인한 외식산업의 기술적 발달과 진화는 무척 빠른 속도록 진행되고 있다. 지금까지 익숙했던 외식산업은 전혀 다른 형태로 변하게 될지도 모른다. 산업 전반에 걸쳐 국가경쟁력 확보를 위해서 박차를 가해야 하는 시점이다.

해외에서는 이미 4차 산업혁명에 대한 준비와 이를 위한 사업의 진출속도가 더욱 빨라지고 있다. 한국외식산업경영원에 따르면 우리나라도 빅데이터 활용 식재료 관리, 식당 무인화, 의료·건강 빅데이터 기반 지능형 의료 서비스와 외식, 증강현실과 외식, 스마트 주방 공유 등의 분야의 발전속도는 더욱더 빨라지고 있다고 한다. 매년 새로운 기술과 제품들로 변화 속의 삶이 펼쳐지고 있다. 속도에 편승하려면 소비자들도 공부해야 하는 시대이다.

| 그림 3-26 | **푸드봇을 생산하는 기업 로보테크의 푸드봇(foodbot)**

출처: 로보테크 홈페이지(http://www.robotech.co.kr)

| 그림 3-27 | 덱사이로보틱스(Dexai Robotics)의 푸드봇 알프레드

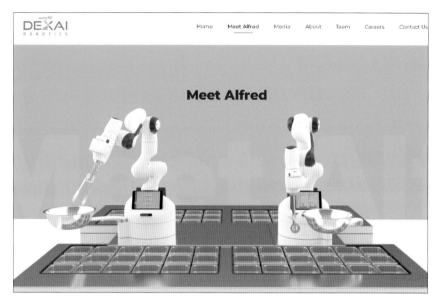

출처: 덱사이로보틱스 홈페이지(www.dexai.com/meet-alfred)

2. 해외 사례

4차 산업혁명을 이끌고 있는 여러 국가들의 사례는 그 목표와 내용에 조금씩 차이가 있으나 경제, 사회적 문제를 해결하는 성장동력으로써 4차 산업혁명의 기술을 발전시키고 이를 활용하고 있다.

독일과 미국에서는 오래전부터 4차 산업혁명의 기반을 닦고 장기적 전략을 추진해 왔다. 특히 독일은 기계 및 장비의 선진국으로 핵심기술을 바탕으로 생산시설의 자동화를 추구해 왔다. 2005년경 디지털팩토리라는 용어가 대두되었으며 스마트팩토리의 개념으로 발전하고 있다.

| 그림 3-28 | **국가별 주요 정책**

	미 국	독 일	일 본	중 국
주요 정책	• AI R&D 계획('16.10) • AI 미래 준비('16.11) • AI, 자동화와 경제 ('16.11)	• 첨단기술전략('10.7) • Industry 4.0('11.4) • 플랫폼 인더스트리 4.0('15.4)	• 초스마트화사회 전략 ('16.1) • AI 산업화 로드맵 ('16.11) • 신산업 구조 비전 ('17.5)	• AI 3개 실행계획 ('16.5) • 차세대 AI 발전계획 ('17.7)
추진 목표	• AI 분야 경쟁력 확보 • 사회적 혜택 강화	• 디지털 경제 변화 대응 • 스마트공장 선도	• 전 분야의 기술혁신 • 경제·사회문제 해결	• AI 차세대 성장동력화 • 경제·사회문제 해결
주요 내용	• AI R&D 전략방향 제시(투자, 안전·보안, 데이터, 인재양성, 공공프로젝트 등) • 교육 및 고용구조 개편, 사회안전망 강화 정책방향 제시	• 글로벌 표준화 추진 • R&D 지원 • IT 인프라 보안 강화 • 새로운 인력교육 방식 도입 * '노동 4.0정책'과 병행 추진 – 기업-노조 간 대화, 시장경제의 조정 등	• 4개 전략분야 선정 (이동, 생산·구매, 건강, 생활) • 공통기반 강화 (데이터, 규제, R&D, 보안, 인재, 고용, 사회보장제도 개선 등)	• 인공지능 기술선도 • AI 국가연구소 설립 • 산업 스마트화(제조, 농업, 금융, 물류 등) • 스마트사회 건설 (의료, 건강/양로, 교통, 환경보호, 안전 등) • 인공지능 관련 법률 정비 및 윤리체계 확립
추진 체계	백악관 산하 과학기술정책국 (OSTP) 중심 범부처 참여	주요 기업, 연구기관, 정부 참여	총리실 주도로 범부처 협력추진	국가발전개혁위 등 4개 부처 합동 추진

출처: 대통령직속 4차 산업혁명 대응계획

현재 상용화되어 있고 계속 발전하고 있는 산업의 결과물들은 단기간의 아이디어로 획득한 것이 아니라 장기간 지속적이고 일관적인 노력의 결과로 오늘날에 이르렀다. 아울러 이런 장기적인 포석과 정보기술(IT)의 발전을 수용하는 생산기술이 같이 발전해야 균형을 이룰 수 있다는 점도 중요한 시사점이다.

1) 미국

모든 정책은 리더와 구성원의 의사결정에 따라 방향이 결정되는 것처럼, 4차 산업혁명은 그 주체가 누가 되는가에 따라 추구하는 방향과 성격, 이해관계가 달라진다.

미국에는 핵심 IT기업인 일명 'GAFAM'(Google, Amazon, Facebook, Apple, Microsoft)의 역할과 영향력이 크며 정부와의 관계가 향후 전략과 제도에 영향을 끼칠 것으로 예상하고 있다. 4차 산업혁명이라는 추상적인 의미 대신 미국에서는 디지털 트랜스포메이션 그리고 산업 인터넷이라는 보다 구체적인 기술발전 방향이 산업 내에서 이루어지고 있다.

가. 디지털 트랜스포메이션

디지털 트랜스포메이션(digital transformation, DT 또는 DX)이라는 말은 컴퓨터 기반의 기술을 조직의 제품, 프로세스 및 전략에 통합하는 것을 의미한다. 조직은 인력과 고객을 더 잘 참여시키고 서비스를 제공하여 경쟁능력을 향상시키기 위해 디지털화하는 데 방향을 맞추고 있다. 즉 과거의 서비스와 거래방식의 번거로움을 디지털기술을 이용하여 복잡한 단계를 축소하고 보다 쉽게 소비자와 기업을 연결할 수 있는 플랫폼을 개발하는 등 기존에 해왔던 방식을 디지털화하여 시간적·공간적 효율성과 연결성을 극대화하여 편리를 제공하는 것이 디지털 트랜스포메이션이다.

Dell Technologies의 Digital Transformation Index 2020에 따르면 기업의 총수들이 앞으로 향후 몇 년간 변화에 순응하지 않으면 기업의 1/3은 사라질 수 있는 위험에 처해 있으며 60%는 살아남더라도 일자리를 없애고 수익성을 회복하는 데 많은 시간이 걸릴 것으로 보고 디지털 트랜스포메이션을 통한 사업전개 방식의 변화를 꾀하였다.

대표적인 기업으로 넷플릭스[10]는 비디오 대여사업을 디지털화하기 위해 디지털기술을 활용하고 수익성 높은 스트리밍 비디오 서비스를 제공함으로써 소비자의 욕구를 충족시

---

10 Netflix, 1997년에 설립된 인터넷 기반 디지털 비디오 디스크_DVD 대여 회사

켜 사업을 확장하고 성공한 디지털 트랜스포메이션의 사례가 되었다. 아마존은 온라인 서점으로 시작하여 다양한 분야에서 소매산업을 재정의한 전자상거래 기업이 되었다.

(1) 네스프레소

네스프레소(Nespresso)[11]는 고객에게 쇼핑 및 고객 서비스에 대한 클라우드 기반 CRM (고객 관계 관리)시스템을 제공하여 고객은 웹사이트, 모바일, 오프라인에서 제품을 판매하고 서비스할 수 있는 디지털 트랜스포메이션을 구현하였다.

| 그림 3-29 | **네스프레소의 로고와 네스플페소클럽**

출처: 네슬레 홈페이지

네슬레는 네스프레소 커피 전문 지식과 제품을 홍보할 수 있는 최초의 인터넷 사이트 플랫폼을 제공하여 소비자와 제품을 연결하였고 주요 브랜드 쇼케이스 및 판매 채널로 발전시켰다. 아울러 서비스모델로 네스프레소클럽(Nespresso Club)을 만들어 신선한 커피를 전달할 수 있는 자사만의 서비스를 개발하였다.

네스프레소클럽(Nespresso Club)의 서비스 모델은 고객에게 다양하고 독점적이고 개인화된 서비스를 제공하기 위해 만들어졌는데 신선한 커피캡슐을 이틀 내 전달하는 모델이며, 한정판 커피, 연 2회 커피 전문잡지 제공, 다양한 액세서리 공급과 아울러 기계 고장 시 무료 대여, 세척시기 알림 서비스 등을 제공하여 캡슐커피를 유행시켰다.

---

11 스위스에 본사를 둔 Nestlé Group의 운영 단위이자 스페셜티 커피 머신 제조업체

(2) 도미노피자

2009년에 실시한 미국 피자 선호 브랜드 설문조사에서 도미노피자는 최하위를 기록했으며 적자 폭도 지속적으로 확대되는 위기를 맞게 되었다. 도미노피자는 기술에 막대한 투자를 했다. 회사 경영진은 새로운 디지털 혁신 노력을 위해 마케팅 부서와 협력하여 새롭게 권한을 부여받은 IT 부서를 개발하여 디지털 트랜스포메이션을 구현하였다. 본사 직원 중 약 절반이 소프트웨어 및 분석 분야에 투입된 대대적인 사업방식의 전환을 시도하였다. 2008년에 도미노피자는 고객이 주문배송을 추적할 수 있도록 피자배송추적 기술을 개발했다. 또한 2011년 도미노피자는 모바일로 전환하여 고객이 이동 중에도 주문할 수 있도록 iPhone 앱을 출시하였다.

2015년에는 도미노피자 애니웨어(Anyware)를 출시하여 고객이 모든 기기를 통해 언제든지 주문할 수 있도록 했다.

| 그림 3-30 | **도미노피자의 로고와 피자 트래커**

출처: 도미노피자

| 그림 3-31 | 도미노피자 애니웨어(Anyware)

출처: 도미노피자

이런 노력들의 결과로 2017년 기준 주문의 약 60%가 온라인에서 발생했다. 2020년까지 Domino's는 전 세계 17,020개의 레스토랑을 통해 연간 140억 달러의 매출을 올리고 있으며 2019년 대비 11% 성장으로 회사는 4억 달러의 순이익을 얻으며 업계 1위 브랜드로 자리 잡았다. 반면 피자헛의 미국 최대 프랜차이즈인 NPC는 2020년 7월 1일 파산을 신청했다.(CNBC 뉴스, 2020년 7월 1일)

도미노스피자는 디지털 트랜스포메이션 외 4차 산업의 다른 기술영역에도 도전하여 2016년에는 뉴질랜드 최초의 드론 배달 피자를 출시했으며 자율주행로봇을 실험하였다. 우리나라에도 2020년 12월 자율주행로봇인 '도미런'과 배달드론 '도미에어'가 들어와 시험 운영되었다.

| 그림 3-32 | 도미노의 배달로봇과 드론 배송

출처: 도미노피자

이외에도 도미노피자는 기술의 혁신과 산업의 경계를 뛰어넘는 발상과 도전으로 시장에서 우위를 차지하고 있다.

나. 산업 인터넷

미국 민간기업인 제너럴 일렉트릭(General Electric, GE)[12]사는 디지털화의 선두에 나서서 소프트웨어를 직접 만드는 기업으로 변하고자 야심찬 계획을 내세웠으며 '산업 인터넷'이라는 구체적인 개념을 세웠다. 산업 인터넷은 산업 사물인터넷(IIOT: industrial internet of things)[13]을 말한다. 예를 들어 GE에서 생산되는 비행기 엔진에는 센서(sensor)가 부착되어 실시간으로 작동상태를 감지하여 엔진을 개선하거나 연비를 올리는 목적으로 주로 활용

---

12 미국에서 가장 오래된 기업 중 하나인 GE(General Electric, GE)는 토머스 에디슨이 1878년 설립한 전기조명 회사를 모체로 성장한 세계 최대의 글로벌 인프라 기업이다. 주로 전력, 항공, 헬스케어, 운송, 가전기기 등의 사업을 하고 있다.
13 산업 사물인터넷(IIOT: industrial internet of things): 산업현장에서 생각하는 기계, 첨단 분석기술, 작업자를 서로 연결하는 것을 의미

할 수 있다.

GE는 산업분야용 사물인터넷 플랫폼인 '프레딕스(Predix)'를 개발하였으나 확장에는 실패한 것으로 평가되고 있으나 구체적인 사례를 통한 산업 인터넷의 개념을 수립하였다.

다. 외식산업과 산업 인터넷

외식산업에 있어 IIoT 기술은 식품가공과 대량생산기업에 적용되고 있다. 식품산업에서 이 기술이 큰 영향을 미치는 네 가지 주요 영역은 식품 안전, 제품 품질, 포장, 인력이다.

실제 식품공장의 IIoT 사례를 보면 시설 내 모든 장비가 인터넷에 연결되는 완전 통합 네트워크를 설치하여 관리자는 언제든지 태블릿을 통해 정보에 액세스할 수 있다. 이 시설의 장비에 레시피를 보내고 장비로부터 실시간으로 피드백을 받아 올바른 SKU[14]가 적시에 실행되고 있는지 제조 실행 시스템을 통해 확인하며 인터넷 연결을 통해 처리 속도를 높일 수 있을 뿐만 아니라 실시간으로 공장에서 일어나는 일을 볼 수 있다. 회사의 최고 리더는 분 단위로 무엇이 생산되고 있는지 정확히 알고 보고를 기다리는 데 지체할 필요가 없어 데이터를 기반으로 즉시 의사 결정을 내릴 수 있게 된다.

(1) 식품 안전

오늘날의 IIoT 기술은 처음부터 불량제품이 시설을 떠나는 것을 방지함으로써 식품 리콜을 근절할 수 있다. 이는 시스템이 올바른 센서와 데이터 수집 지점으로 올바르게 설정되어 있으면 간단히 수행할 수 있다. 예를 들어 특정식품을 생산하는 데 HACCP의 규정 요구사항을 충족하도록 해당 식품을 5분 동안 192도까지 가열해야 한다고 가정할 때 과거에는 IIoT 적용 전 생산조건 미달로 발견된 것이 품질관리부서에 전달되는 데 시간이 오래 걸려 포장될 때까지 오류를 인식하지 못할 수 있었으나 인터넷에 연결된 센서는 이제 이러한 시간과 온도 설정값을 실시간으로 측정하고 충족되지 않으면 즉시 알림을 보낼 수

---

14 stock keep unit: 재고관리를 위한 단위

있어 불량품을 즉시 폐기할 수 있으므로 시간과 비용을 절약하는 동시에 해당 제품이 시설을 떠날 위험을 줄일 수 있다. 실시간 IIoT 기술 덕분에 잠재적인 식품안전 문제를 신속하게 감지하고 리콜 지점에 도달하기 전에 내부적으로 처리할 수 있는 것이다.

| 그림 3-33 | **식품온도 측정**

출처: https://stellarfoodforthought.net

(2) 제품 품질

잘 조직된 공장은 제품 품질의 일관성과 정확성을 향상시킨다. 제품 레시피와 절차는 단일 서버에 저장되고 회사의 모든 처리시설로 전송될 수 있으므로 제품 일관성이 보장된다.

또한 요리시간 및 온도와 같은 명령을 인터넷에 연결된 장비로 보낼 수 있어 기계는 프로그래밍된 지침에 따라 특정 재료를 추가한 다음 특정 방식으로 처리하여 특정 시간에 특정 레시피를 실행할 수 있도록 디자인되어 있다.

IIoT 기술을 사용하는 모든 공정을 원격으로 모니터링 및 제어할 수 있으므로 레시피 정확도와 제품 일관성이 전반적으로 향상된다.

(3) 포장

제품포장의 목표는 항상 최소한의 자원으로 최대한 많은 제품을 최대한 빨리 실행하여 수익을 극대화하는 것이다. 잘 연결된 포장시스템은 이런 공정들을 보다 효율적으로 만들어 목표를 달성할 수 있도록 한다.

포장 장비의 센서는 주어진 시간에 처리 측면에서 예상되는 SKU를 이해하도록 프로그래밍할 수 있으며 센서는 다양한 제품에 올바른 포장이 사용되고 있는지 확인하고 불일치가 있는 경우 프로세스를 즉시 중단할 수 있다. 일반적으로 작업자가 잘못된 포장 필름에서 잘못된 제품을 실행한 경우 훨씬 나중에야 감지될 수 있으므로 폐기해야 하는 제품과 포장이 낭비되나 오늘날 이러한 불일치는 패키징(packaging) 실수를 실시간으로 포착하여 사전에 제거할 수 있다.

| 그림 3-34 | **제품 라벨링**

출처: https://stellarfoodforthought.net

IIoT 기반 플랜트에서는 제품표시를 위한 라벨링 정보도 서버에서 다운로드할 수 있어 작업자가 날짜, 시간 스탬프 및 공장 코드를 수동으로 입력하는 대신 해당 정보를 인터넷에 연결된 장비에 직접 전달할 수 있어 이를 통해 생산현장에서 작업자 오류가 줄어들고 작업자는 컴퓨터가 라벨링을 올바르게 실행하고 있는지 확인하는 데 집중할 수 있게 된다.

(4) 인력

IIoT 기술은 실제로 작업자를 압박하지 않고 작업에 더 집중하게 만든다. 센서와 소프트웨어가 제공하는 데이터에 대해 실시간으로 접속할 수 있으며 모니터링할 수 있어 작업 공정의 처리를 더 편리하게 할 수 있어 실제로 작업자에게 정보를 전달하는 데 문제가 있을 때 즉시 알려 작업자가 작업을 더 잘 수행할 수 있도록 한다. IIoT 기술은 작업자와 장비 간의 양방향 통신을 가능케 한다.

| 그림 3-35 | **작업자와 장비 간의 양방향 통신**

출처: https://stellarfoodforthought.net

라. 미국의 4차 산업 추진현황

◈ 미국은 독일과 더불어 자국 산업현황을 기반으로 4차 산업혁명의 주도권을 장악하기 위해 IT와 OT(운영기술, operation technology)시장을 양분하는 전략을 구사하는 것으로 인지되고 있다.[15]

◈ 미국은 GE, IBM 등 자국 IT 대기업들과 외국의 기업을 포함하여 결성된 산업인터넷 컨소시엄(industrial internet consortium, IIC)을 중심으로 관련 사업을 추진하고 있다.

◈ 미국은 자국 내 IT 기술을 활용한 사회적, 경제적 문제 해결을 위해 노력하고 있다.

---

15 김상훈(2017), 4차 산업혁명과 주요 국가별 전략, 선진국 및 아세안(ASEAN) 일부 국가를 중심으로, 국제개발협력

◈ 미국은 중국과 더불어 집약된 AI기술의 경쟁우위를 점유하고 있어 이 분야의 경쟁력 확보와 사회적 혜택을 강화하고 있다.

2) 독일

가. 인더스트리 4.0(Industry 4.0, Industrie 4.0)

I4.0 또는 간단히 I4로 줄인 "Industrie 4.0"이라는 용어는 2011년 독일 정부의 하이테크 전략 프로젝트에서 유래했다. 독일의 볼프강 발스터(Wolfgang Wahlster) 교수는 '인더스트리 4.0' 용어의 창시자로 불린다. 정보기술과 산업의 결합이라는 측면에서 'Industrie 4.0(산업 4.0)'이 혁명으로 불리게 된 이유는 정보기술의 발달로 국제적 네트워킹이 가능해졌고 이를 통한 거대한 파급효과가 발생하기 때문이다. 독일은 4차 산업혁명을 위해 기업 간의 프로세스, 기계, 사용자 사이에서 디지털화와 네트워크화를 추구하고 있다. 아울러 독일은 글로벌 표준화를 추진하며 표준의 적용과 확산의 모범이 되는 국가로 포지셔닝하고 있다.

나. 스마트팩토리(smart factory)

독일은 2011년 세계 최초로 인더스트리 4.0(Industrie 4.0)전략을 통해 제조업 혁신 강화 정책의 방안으로 스마트팩토리의 개념을 수립하고 스마트팩토리의 국제표준화를 추진하고 있다. 독일형 4차 산업혁명 기본 모형은 양방향 소통 플랫폼을 기반으로 한 제조업과 스마트 산업의 유기적 결합을 의미한다.

| 그림 3-36 | 스마트팩토리

출처: 아우디

| 그림 3-37 | 베를린의 테슬라 기가팩토리(Tesla Gigafactory)

출처: 테슬라

독일은 전통적으로 세계 최고의 제조기술 경쟁력을 갖췄으나 생산효율이 좋지 않아 경쟁력 제고를 위하여 자국의 제조업에 디지털 및 정보통신기술을 접목하여 정보통신 분야의 발전과 생산성 향상의 두 가지 목표를 추진하기 위한 전략으로 정부와 업계, 학계의 협력 프로젝트로서 'Industry 4.0'을 추진하였고, 2015년 '플랫폼 인더스트리 4.0(Platform Industrie 4.0)[16]'으로 확대해 나가고 있다.

독일의 스마트팩토리 추진 관련의 큰 특징은 인간과 기계의 협업 중시와 정부, 업계, 학계 주도의 중소·중견기업들의 참여가 활발한 점을 들 수 있다. 독일 스마트팩토리 중 지멘스(Siemens), 보쉬(Bosch), 아디다스(Adidas)가 기존 시설을 스마트팩토리로 전환하여 추진 중이며 괄목할 만한 성과를 나타내고 있다.

다. 외식산업과 스마트팩토리

스마트팩토리는 과거 컨베이어벨트 시스템을 이용한 포디즘의 식품생산 공정의 한계점을 극복하고자 각국의 기업에서 추진하며 전환되고 있는 추세이다. 스마트팩토리의 장점으로 부각되는 소비자 맞춤형 생산, 생산비용 및 물류 유통 측면에서의 장점과, 부족한 노동력의 대체가 가능하며, ICT 기술의 융·복합이 활발한 시장환경에 따라 빠르게 성장할 것으로 예상된다. 스마트팩토리는 주로 생산공정에 많이 적용되고 있다.

(1) 닛신식품

자체 개발한 최신설비 도입과 IoT기술에 의한 자동화와 효율화를 이루었으며 제품 안전성과 가격 경쟁력을 실현시켜 식품업계에서 주목하는 차세대형 스마트팩토리로 주목받고 있는 닛신식품은 라면을 생산하는 공정 투입 인원 50% 수준에서도 생산량과 생산성이 도입 전보다 증가하였다.

---

16 플랫폼 인더스트리 4.0의 목표는 제조공정의 디지털화, 표준화, 데이터 보안, 제도 정비기준을 마련하고, 핵심인재 육성 등을 목표로 한다.

| 그림 3-34 | **닛신식품**

출처: SAMURAI INC.

(2) CJ 스마트팩토리

| 그림 3-39 | **CJ 블라썸 캠퍼스**

출처: CJ

최첨단 디지털 기술로 구축된 국내 최초, 최대, 최고 수준의 종합 K-food 생산기지

CJ 블라썸 캠퍼스는 연간 생산능력 12만t 규모의 국내 최대 가공식품 공장입니다. 또한 안전한 제품 생산을 위한 최첨단 설비와 CJ제일제당의 독보적인 식품 기술력을 자랑하는 완벽하게 준비된 스마트팩토리입니다. 주요 생산품은 햇반, 비비고 궁중만두, 육가공품, 가정식 대용 등 간편냉동식품이다. 따라서 CJ 블라썸 캠퍼스는 K-푸드 수출을 책임지는 K-푸드 포워드 기지라 할 수 있습니다. 또한, CJ 블라썸 캠퍼스는 생산성, 품질, 고객만족도를 높일 수 있는 지능형 생산공장으로 조성되어 스마트팩토리라고도 불리며, 모든 생산공정을 최신 디지털 기술로 구성하고 디지털 자동화 솔루션에 맞는 ICT를 적용하여 공장 설비 및 장비에 IoT를 설치하여 생산공정과 관련된 데이터를 실시간으로 수집하고, 제조공정 및 품질관리에 대한 실시간 모니터링 및 대응 프로세스를 도입하여 공장에 제조시설을 구축하고 있습니다. 최고의 효율성을 보장하는 프로세스.

또한, 스마트 HACCP 관리 시스템과 고효율 신재생 에너지를 적용하여 오염물질 및 악취 발생을 예방하는 세계 최고수준의 친환경 식품안전시스템을 갖추고 있습니다. 이러한 시설은 가공식품의 안전성과 위생에 대한 불신을 갖고 있는 소비자를 위한 배려와 철저한 식품관리와 식품에 대한 책임감을 나타내고 있습니다. 또한 CJ 블라썸 캠퍼스는 햇반, 비비고 등 주요 제품의 생산라인을 증설해 CJ제일제당의 해외시장 진출에 박차를 가하고, 차별화된 R&D와 제조역량을 바탕으로 생산설비와 기술을 해외로 확산해 해외시장 진출에 박차를 가할 계획입니다. 현지화된 제품의 개발을 최대화합니다.

출처: CJ 홈페이지(www.cj.co.kr)

| 그림 3-40 | **스마트공장 개념도**[17]

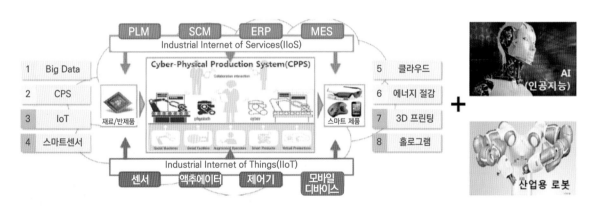

출처: 한국산업기술시험원, 유진투자증권

---

17 참고: CPS(Cyber Physical System, 사이버 물리시스템), IoT(Internet of Things, 사물인터넷), PLM(Product Lifecycle Management, 제품수명주기관리), SCM(Supply Chain Management, 공급망관리), ERP(Enterprise Resource Planning, 전사적 자원 관리), MES(Manufacturing Execution System, 생산관리시스템)

식품업계, 디지털 전환 속도…
스마트 공장·스타트업 투자 활발

자동화부터 지능화까지 전 과정 '스마트화' 진행
4차산업 이끄는 벤처기업과 협력… 동반성장 이룩

| 그림 3-41 | **경남 밀양시 부북면 밀양나노융합국**
가산업단지에 건설 중인 '밀양 신공
장' 조감도

출처: 삼양식품

[이코노믹리뷰=이정민 기자] 식품업계가 디지털 전환에 속도를 내고 있다. 스마트팩토리 구축하거나 벤처·스타트업과 협업하는 등 투자를 본격화하는 모습이다. 치열해지는 시장경쟁 속 디지털 시스템을 신성장동력으로 삼고 지속 성장을 이룩하기 위한 것으로 해석된다.

2일 관련업계에 따르면 삼양식품(003230)은 내년 1월 완공을 목표로 경남 밀양시 나노융합국가산업단지에 '스마트팩토리'를 구축하고 있다. 이번 밀양공장은 연면적 6만 9,801㎡에 지상 5층, 지하 1층 규모로 자동화, 인공지능(AI) 등 스마트 시스템이 도입된다. 생산공정부터 물류, 관리까지 효율성을 확대하고면·스프 등 제품 생산능력을 강화한다는 방침이다.

삼양식품은 밀양공장 신설을 위해 당초 약 900억 원을 투입할 계획이었으나 지난해 10월 착공 후 1,783억 원으로 증액한데 이어 최근 300억여 원을 추가,

총 2,074억 원까지 확대했다. 공장자동화 관리시스템(BMS)을 적용해 시범 운행한 뒤 기존 원주 익산공장에도 설비 및 전력 자동제어장치를 도입할 예정이다. 데이터 기반 생산실행관리시스템(MES)으로 생산과정에 제품 불량률을 낮춘다는 목표다.

동원그룹 주요 계열사 동원시스템즈(014820)는 오는 12월까지 충남 아산시 2차전지용 알루미늄 생산공장에 스마트팩토리를 설립할 계획이다. 동원시스템즈는 현재 국내에서 운영하고 있는 12개 생산공장 중 총 7개에 스마트팩토리를 구축하며 디지털 전환을 가속화하고 있다. 제조실행시스템(MES), 창고관리시스템(WMS)을 기반으로 모든 생산공정을 데이터화하면서 생산성을 30% 이상 향상시킬 것이란 회사 측 기대다.

풀무원(017810)은 최근 식약처 산하 한국식품안전관리인증원과 '식품산업 디지털 클러스터 제조혁신모델 구축' 위한 업무협약을 체결했다. 이번 업무 협약으로 풀무원은 협력사와 IoT(사물인터넷), 빅데이터 등 4차 산업혁명 기술을 활용한 디지털 클러스터 모델을 구축할 방침이다. 다수 스마트 공장 간 데이터와 네트워크 기반 상호 연결을 통해 생산 효율성을 높이고 수요 예측 시스템으로 자재관리부터 수주, 생산, 유통, 마케팅 등을 수행, 공장 운영을 최적화한다.

신세계푸드(031440)도 급식, 외식, 베이커리 사업장 등 각 사업별 식품안전 관리를 위해 '스마트 식품안전 시스템'의 구축에 나섰다. '스마트 식품안전 시스템'은 식품안전과 관련된 주요 5개 항목의 검사를 상시 진행하는 방식으로 운영되며 점검결과는 실시간 확인이 가능하다. 태블릿을 통해 현장 관리자의 즉각 검토가 가능하고 개선 및 애로사항 등을 식품안전센터와 주고받으며 해결하도록 했다.

벤처·스타트업에 투자하며 디지털 전환을 꾀하는 식품기업도 있다. 유망 스타트업을 육성하고 기술을 공유하며 동반성장 기회를 마련하는 방식이다. SPC그

룹은 지난 8월 디지털사업 전문기업 '섹타나인'을 통해 스타트업 육성 프로젝트에 뛰어들었다. 핀테크, 빅데이터, 디지털마케팅, 커머스 등 아이디어를 제안받아 실제 사업에 반영하는 오픈 이노베이션 프로그램이다.

CJ제일제당(097950)은 유망 스타트업을 발굴 육성하는 '프론티어 랩스' 프로그램을 지난 6월 론칭, 기업당 최대 1억 원을 투자하기로 했다.

| 그림 3-42 | 동원시스템즈 아산공장 2차전지용 알루미늄 양극박 생산현장

출처: 동원그룹

성장동력 '디지털화' 낙점…효율성 · 생산성 업그레이드

식품업계가 포스트코로나를 대비할 신성장동력을 마련하기 위해 디지털 시스템 전환을 가속화하는 분위기다. 코로나19 사태 장기화를 거치면서 공장 생산지연 및 중단 등 불확실성이 높아지는 것을 대비할 수 있어서다. 물류 보급부터 생산, 공정, 가공, 유통, 배송 등 전 과정에서 비대면 시스템을 도입하고 있다.

아울러 고도화된 4차 산업기술을 바탕으로 생산성 및 효율성 제고가 가능하다. 실시간으로 제품을 추적 관리하고 제조과정을 모니터링하면서 적절한 투입 시기, 운행 상황을 통제할 수 있다. 신제품 연구, 개발, 생산과정에 있어 시간을 단축하는 것이 필수 경쟁력인 요즘 디지털 전환이 필수인 이유다. AI 지능화를 통해 전반적인 자동화 시스템으로 오류를 방지, 재생산 비용 등을 절감할 수 있으며 수요 예측도 가능하다. 방대한 양의 빅데이터를 연동해 정확도 높은 수요 예측을 기반으로 시기부터 생산량까지 최적화 시스템을 구축할 수 있다.

더군다나 최근 화두로 떠오른 ESG(환경 · 사회 · 지배구조) 경영에 일조할 수 있단 장점도 따른다. 불필요한 작업공정과 탄소배출을 줄이고 에너지를 효율적으로 사용하면서 환경오염요소를 줄이는 원리다. 시스템 디지털화로 노동 강도를 낮추고 인력을 양성하는 동반성장의지를 피력, 지역과 함께 상생하는 사회공헌으로 기여할 수 있다.

출처: 이코노믹리뷰, 2021년 10월
(http://www.econovill.com/)

라. 독일 4차 산업 추진현황

◈ 정부 주관으로 인더스트리 4.0의 제조업 혁신을 추진함. 전통적 기술분야의 강점에 4차 산업혁명의 핵심기술들을 융합하여 생산성을 높임

◈ 글로벌 표준화를 추진하며 6가지 전략목표를 수립[18]

① **통상**: 표준화를 통한 국제무역과 유럽무역 촉진

② **탈규제**: 표준화를 통한 규제 완화

③ **개방 협력 플랫폼**: 이해 관계자의 네트워킹과 조정을 위한 새로운 프로세스 및 개방형 플랫폼 구축을 통한 미래 지향적인 주제의 글로벌 표준화를 선도하는 독일

④ **표준화**: 산업과 사회 표준화

⑤ **기업 전략**: 기업의 주요 전략 도구로서 표준화

⑥ **대중 지지**: 대중에게 높이 평가받는 표준화

◈ 스마트팩토리를 주도하며 공장을 하나의 복잡한 제품으로 보는 시각인 Factory as a products(또는 Factories are complex)의 관점으로 스마트팩토리의 개념을 발전시켰다.[19]

3) 중국

중국의 4차 산업혁명과 외식산업에 대한 사례를 드는 것은 최근 중국의 외식산업이 한국보다 앞선다는 평가를 받고 있으며 전 세계적으로 4차 산업혁명에 대해 앞서고 있다는 평가를 받고 있어서이다. 이것은 중국의 개방정책 및 기술의 발전과 깊은 연관이 있다.

중국은 2016년 기준 모바일 사용자가 6억 9천500만 명으로 미국보다 2.7배 많다. 아울러 디지털네이티브[20]의 수도 미국보다 3.8배가 많은 2억 8천200만 명에 달한다.[21]

이는 중국의 인구와 소비되는 외식의 규모로써도 이미 압도적인 잠재규모가 있는 시장인데다 세계 최대 모바일 시장으로 성장한 중국은 외식산업에서도 최첨단 기술을 통한

---

18 박주상(2021), "4차 산업혁명과 표준 추진 전략 비교: 독일과 한국", 정보와통신.
19 김상훈(2017), "4차 산업혁명과 주요 국가별 전략, 선진국 및 아세안(ASEAN) 일부 국가를 중심으로", 국제개발협력.
20 25세 이하의 IT환경에 익숙한 사용자
21 KIEP대외경제정책연구원의 연구보고서

푸드테크(foodtech)로 인력난을 해소하고 효율화를 지속 보완하며 수직 성장을 이어가고 있다. 서빙로봇, 쇼핑, 외식업체, 길거리 음식까지도 모바일 결제가 일반화된 중국이 인공지능, 빅데이터, 사물인터넷 등 4차 산업혁명을 바탕으로 외식산업의 발전에 박차를 가하고 있다.

중국 디지털경제의 큰 변화는 O2O와 공유경제 등의 서비스업이며, 2015년경 인터넷 플러스(+)정책이 시작되며 초고속 성장을 이어나가고 있다. 이런 원동력들이 금융, 서비스, 의료 및 자동차 등의 분야에서 선진국보다 빠른 성장을 보이고 있으며 신유통 분야의 무인 상점이 급성장하며 확대되고 있다.

표 3-2 주요국의 무인상점 개요

	기업	적용기술	특징
미국	아마존고 (Amazon GO)	– 인공지능 – 컴퓨터 비전 – 딥러닝 – 센서	– 전용 앱 설치 필요 – 선반에서 물건을 꺼내면 수백 개의 카메라와 인공지능이 결합되어 상품을 식별하여 자동으로 계산
중국	타오카페 (Tao Cafe)	– 인공지능 – IoT – 안면인식 – QR코드	– 제품을 고른 후, 지정된 문을 통해 매장 밖으로 나가면 자동으로 결제 – 알리바바의 알리페이로만 결제 가능 – 고객의 소비취향을 분석하여 제품 및 고객 관리, 제품 진열방법 등을 추천
	빙고박스 (Bingo Box)	– RFID	– 제품을 계산대에 올려놓으면 RFID 태그가 자동으로 인식되어 결제 진행, 제품 구매가 끝나면 출입문 열림
	시아오마이푸 (小麦铺)	– 인공지능 – 빅데이터	– 주로 소비자 및 제품 데이터를 축적하여 맞춤형 광고, 제품 개발에 집중 –2018년 말까지 5,000개 점포 운영 목표
한국	이마트24	– 바코드	– 신용카드로 출입 및 결제 진행 – 자동결제 시스템이 아닌 고객이 직접 무인 계산기로 결제
	롯데	– 360도 자동스캔	– 롯데카드 소지자만 이용 가능 – '핸드페이(HandPay)' 시스템 도입하여 손바닥 정맥 정보로 결제 진행 – 바이오 페이(BioPay)의 일종으로 세계 최초로 상용화한 데 의의

출처: 이자연(2018), 신소비의 핵심 중국 무인 소매업의 특징과 시사점, KIET

무인 상점은 주요 도시를 중심으로 성장세를 이어나가고 있으며 2억 이상의 인구가 사용하고 있다. 중국의 물류가 개선되며 전자상거래는 이제 중요한 사업수단이 되었다. 이미 알리바바와 같은 플랫폼은 온라인뿐 아니라 오프라인에서까지 사업의 통합구조를 가져가고 있다.

| 그림 3-43 | **알리페이 시스템을 통한 신유통 플랫폼 운영 개념**

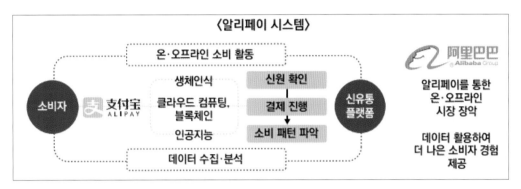

출처: KIET대외경제정책연구원 연구보고서17~26

다만 중국은 아직까지 내부 규제는 크게 완화하였으나 외부에 대한 규제가 까다로워 인터넷 영업허가를 받기 힘들어 아직도 구글이나 페이스북 등의 외국계 업체들도 중국 내에서 사업을 직접적으로 추진하지 못하는 실정이다.

가. 제조2025

중국이 인터넷플러스와 함께 내세운 대응전략은 제조2025이다.

표 3-3 중국 4차 산업혁명 주요 정책

정책명	발표시기	주요 내용
중국 제조2025	2015.5	– 혁신형 고부가 산업 육성 및 경쟁력 강화 – 스마트 제조업 확대와 글로벌 제조 선도국가 지위 확립
인터넷 플러스(+)	2015.7	– 창업, 제조, 농업, 에너지, 금융 등 11가지 분야와의 융합 추진
13차 5개년 발전 규획	2016.3	– 고속 광대역 네트워크, 무선 광대역 통신망 구축, 5G 등 차세대 통신 기술 개발 – 클라우드 컴퓨팅, 사물인터넷 발전, '인터넷 플러스' 생태계 육성, 공유 경제 발전 – 공공 데이터 개방, 빅데이터 발전 촉진 – 데이터 보안, 네트워크 공간 관리 개선 등
로봇산업발전규획 (2016~2020년)	2016.4	– 2020년까지 자체 개발 로봇 생산량 10만 대 달성 – 로봇기술 수준 제고(속도, 정밀도, 무게 등) – 핵심부품 개발기술 확보 등

출처: KIET대외경제정책연구원 연구보고서

독일 인더스트리 4.0 전략을 기초로 중국 공정원(工程院, Chinese Academy of Engineering)이 만든 제조2025는 중국의 핵심기술 주도에 대한 의지를 엿볼 수 있는 전략으로 단계별 명확한 추진전략을 제시하고 있다.

| 그림 3-44 | **제조2025 단계별 목표**

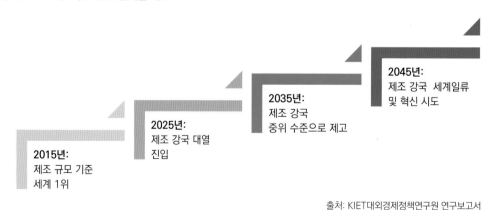

출처: KIET대외경제정책연구원 연구보고서

중국은 일본 외식산업에 이어 1979년 개혁 개방 이후 40년 만에 외식업 시장 규모가 세계 2위로 성장했다고 평가받고 있다. 특히 핀테크와 푸드테크, OTO, AI, SNS부분에 있어 눈부신 발전을 거듭하고 있다. 중국이 급성장하게 된 배경과 기술은 핀테크와 푸드테크, OTO, AI, SNS 등 현대의 기술이 외식과 접목되었기 때문이다.

나. 인터넷 플러스(+)

인터넷 플러스는 모든 산업의 디지털화를 의미하며 미국의 디지털 트랜스포메이션과 유사한 성격을 가지고 있다. 인터넷에 전통산업을 접목시켜 플랫폼을 기반으로 모든 사물과 기기를 연결하는 개념으로 중국 정부는 11개의 산업분야에 중점을 두어 추진하고 있다.

표 3-4 인터넷 플러스(+) 11대 융합산업분야 및 중점 업무

분야	중점 업무
창업	창업 지원 강화, 대중 창업공간(衆創空間) 발전, 크라우드 소싱(crowd sourcing)을 통한 개방형 혁신 발전 등
제조	스마트 제조 발전, 데이터 기반의 개인 맞춤 생산 분야 발전, 네트워크 연동 제조 수준 제고, 제조업의 서비스화 전환 등
농업	신형 농업 생산 경영 시스템 구축, 생산지향적 농업생산에서 소비지향적 생산방식으로 개선, O2O 기반의 농업관측, 절수관개, 토양분석 및 비료처방 체계구축, 농산물 이력제(農産物履歷制) 개선 등
스마트 에너지	에너지 생산 스마트화 추진, 스마트 그리드 건설 등
금융	인터넷 금융 크라우드 서비스(crowd service) 플랫폼 구축, 인터넷 금융 서비스 혁신 범위 확대, 인터넷 금융기업에 벤처펀드, 사모펀드, 산업투자펀드의 유입 촉진 등
대민 서비스	정부 네트워크 관리 및 서비스 혁신, 온라인 의료 진료 모델 확대, 신청 교육 서비스 모색 등
물류	물류 정보 공유 시스템 구축, 스마트 창고 시스템 건설, 스마트 물류 배송 시스템 개선 등

출처: KIET대외경제정책연구원 연구보고서

다. 국가 정보화 발전 전략

중국은 인터넷 강국으로의 도약을 위한 환경개선과 기술개발로 2050년에는 부강한 사회주의 현대화 국가 건설을 목표로 기존 전략을 업그레이드하여 추진하고 있다. 전략은 3단계로 구성되며 아래와 같은 원대한 목표를 가지고 있다.

| 그림 3-45 | **국가 정보화 발전 전략의 단계별 목표**

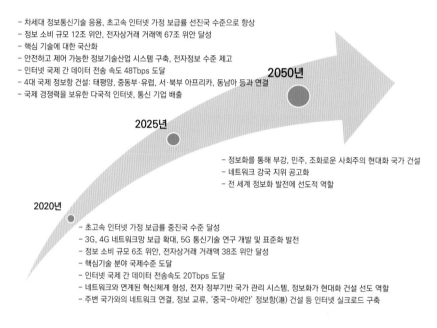

- 차세대 정보통신기술 응용, 초고속 인터넷 가정 보급률 선진국 수준으로 향상
- 정보 소비 규모 12조 위안, 전자상거래 거래액 67조 위안 달성
- 핵심 기술에 대한 국산화
- 안전하고 제어 가능한 정보기술산업 시스템 구축, 전자정보 수준 제고
- 인터넷 국제 간 데이터 전송 속도 48Tbps 도달
- 4대 국제 정보항 건설: 태평양, 중동부·유럽, 서·북부 아프리카, 동남아 등과 연결
- 국제 경쟁력을 보유한 다국적 인터넷, 통신 기업 배출

2050년

2025년

- 정보화를 통해 부강, 민주, 조화로운 사회주의 현대화 국가 건설
- 네트워크 강국 지위 공고화
- 전 세계 정보화 발전에 선도적 역할

2020년

- 초고속 인터넷 가정 보급률 중진국 수준 달성
- 3G, 4G 네트워크망 보급 확대, 5G 통신기술 연구 개발 및 표준화 발전
- 정보 소비 규모 6조 위안, 전자상거래 거래액 38조 위안 달성
- 핵심기술 분야 국제수준 도달
- 인터넷 국제 간 데이터 전송속도 20Tbps 도달
- 네트워크와 연계된 혁신체계 형성, 전자 정부기반 국가 관리 시스템, 정보화가 현대화 건설 선도 역할
- 주변 국가와의 네트워크 연결, 정보 교류, '중국-아세안' 정보항(港) 건설 등 인터넷 실크로드 구축

출처: KIET대외경제정책연구원 연구보고서

라. AI

2017년 7월 중국 정부는 차세대 인공지능 발전 규획을 발표했다. 아직까지 미국이 AI 분야에서 가장 앞서고 있으나 최근에는 일부 분야에서 미국을 앞선다는 평가를 받고 있

다. 인공지능 발전 규획[22]은 2030년까지 진행될 예정이며, 인공지능 분야 이론, 산업, 정책 등에서 전 세계적으로 가장 앞서 나가겠다는 목표를 설정했다.

표 3-5 중국 AI 발전 전략 목표와 주요 내용

기간	전략 목표	주요 내용
2020년	기술 및 응용 세계 선두권	- 인공지능 기술 표준 및 서비스 체계 구축 - 글로벌 선도 기업 육성, 핵심산업 규모 1,500억 위안 초과, 관련 사업 규모 1조 위안 - 인공지능 정책 규범 마련 등
2025년	인공지능 이론 대폭 발전	- 새로운 인공지능 연구 성과 확보 - 제조, 의류, 도시, 농업, 국방 등 다양한 영역에서 활용 - 핵심산업 규모 4,000억 위안 초과, 관련 산업 규모 5조 위안 - 인공지능 법률 규범 및 이론 범위 체계 구축 등
2030년	인공지능 이론 및 기술, 응용 전 분야 세계 선두	- 뇌 알고리즘, 스마트 제어 등 다양한 영역에서의 성과 확보 - 인공지능 산업 경쟁력 확보, 핵심산업 규모 1조 위안, 관련 산업 규모 10조 위안 - 인공지능 법률, 법규, 정책체계 완성 등

출처: KIET대외경제정책연구원 연구보고서

마. 외식산업 적용 사례

(1) 핀테크

핀테크(Fintech)란 금융(finance)과 기술(technology)의 융합을 의미하는 신조어로, 모바일, SNS, 빅데이터 등의 첨단 IT기술이 금융산업에 접목된 새로운 산업 및 서비스 분야를 통칭하는 용어이다.

현대사회는 스마트폰을 대부분 소유하고 있기 때문에 이를 이용해 실시간으로 공간제

---

22 '규획'은 미래의 행동방안과 예정된 계획이며, '계획'보다 장기적이고, 전략적이며, 전면적이고, 지도적(guidance)이다. (출처: 김동하(2017), 중국 5개년 경제개발 '계획'의 '규획'으로의 변화와 함의에 관한 연구, 2017, vol.4, no.1, 통권 6호, pp.109~142)

약 없이 금융 서비스를 활용할 수 있다는 장점이 있으며, 이로 인해 시장영역이 확대되고 있는데 이러한 기술이 외식산업에도 큰 영향을 끼치고 있다.

우리나라에 현재 널리 통용되는 핀테크 서비스의 대표적 예로는 페이팔(Paypal), 알리페이(Alipay), 카카오페이(Kakaopay), 토스(toss) 등이 있다.

이 중 중국 관광객들이 국내에서도 많이 사용하는 서비스는 알리페이(Alipay)이다. 중국 소비자들의 국내방문 증가에 따라 국내 상점들 중 중국 방문객이 많은 상점들은 알리페이의 결제시스템을 갖추고 있다. 알리페이(Alipay)는 알리바바 그룹(Alibaba Group)이 2004년 2월 중국 항저우에서 설립한 제3자 모바일 및 온라인 결제 플랫폼이다.

알리페이 모바일 주문 및 결제는 중국인 관광객을 위한 서비스로 알리페이(Alipay)앱에서 식당에 부착된 QR코드를 스캔하면 메뉴 이미지가 중국어로 안내되어 중국인 관광객들도 쉽게 음식을 주문할 수 있다. 식당에서는 중국어 메뉴판을 별도 개발하거나 중국어를 하는 직원을 두지 않고도 즉시 주문을 받을 수 있다. 이렇듯 매장 내 모바일 주문은 중국에서는 이미 보편화된 서비스다.

| 그림 3-46 | **알리페이(Alipay)를 통한 주문과 결제**

출처: 위키피디아

(2) 푸드테크

음식(food)과 기술(technology)의 융합 그리고 식품산업에 바이오기술이나 인공지능(AI) 등의 혁신기술을 접목한 푸드테크(foodtech)는 인력과 기술을 대체하는 서비스분야에 괄목할 성장을 하고 있다.

중국에서 가장 대중적인 음식 중 하나는 훠궈이다. 사천(四川)지방의 전통음식인 훠궈로 유명한 브랜드인 하이디라오(海底撈)는 스마트 레스토랑을 개점하였다. 로봇에 의해 조리되고 로봇에 의해 서빙되는 이 레스토랑은 중국 베이징 등 100여 개 도시에 360여 개의 점포를 운영하고 있으며 미국, 일본, 싱가포르, 한국 등에도 진출해 있다. 연간 매출액은 106억 위안(한화 약1조 7,000억 원/2017년 기준)이다.

광저우의 중국 부동산 대기업인 Country Garden Holdings의 자회사인 Qianxi Robotic Catering Group은 2009년 푸돔(Foodom)이라는 로봇레스토랑을 만들었다. 레스토랑에서 로봇은 주문을 받고, 요리하고, 음료를 만들고, 식사를 배달하고, 나중에 청소까지 한다. Foodom의 자동화된 로봇의 종류는 46가지나 된다고 한다. 고급 로봇기술을 갖춘 레스토랑은 외식업계가 직면한 인력부족문제를 완화할 수 있으며, 관리 및 통제는 효율성을 크게 향상시켜 고용비용을 더욱 절감할 수 있게 한다.

| 그림 3-47 | **푸드돔의 조리로봇**

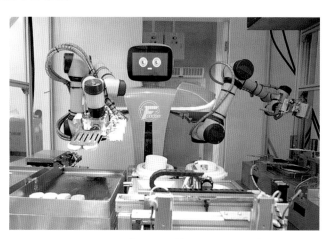

출처: https://en.qxfoodom.com/list-99-2.html

| 그림 3-48 | 하이디라오(海底撈) 스마트 레스토랑

출처: www.haidilao.com/

[디지털데일리 백승은 기자] 국내 로봇사업은 대부분 중소기업이 주도하고 있다. 기존 로봇사업을 실시하던 대기업은 ▲HD현대 ▲현대차그룹 ▲두산그룹 ▲LG전자 등이다. 이들 기업은 확장성이 큰 서비스용 로봇에 주목하며 관련 제품을 선보이는 등 시장 진출에 힘쓰고 있다. 최근 삼성전자가 진출을 예고하기도 했다.

8일 한국로봇산업진흥원에 따르면 2020년 기준 국내 로봇사업 매출액은 5조 4736억 원으로 전년대비 2.6% 올랐다. 산업용 로봇은 2조 5949억 원으로 가장 큰 비중을 차지한다. 로봇부품 및 소프트웨어 부문이 1조 6436억 원, 서비스용 로봇이 7896억 원이다.

사업체 수는 총 2427개사다. 이 중 58.2%에 해당하는 1411개사는 로봇부품과 소프트웨어 사업을 진행한다. 23%인 558개사는 제조업용 로봇 제조, 18.8%인 458개사는 서비스용 로봇을 만든다.

국내에서 로봇사업을 진행하는 기업 중 98.5%는 중소기업이다. 대기업은 12개사, 중견기업은 24개사에 불과하다. 1000억 원 이상 연매출을 올리는 로봇 전문기업은 5개사에 그친다.

◆삼성전자, 잠재력 큰 서비스용 로봇시장 진출 '러시'=2020년 기준 산업용 로봇 매출은 전년대비 2.7% 줄었지만 서비스용 로봇은 크게 확장했다. 특히 전문 서비스용 로봇은 전년대비 44.1% 늘었다. 개인 서비스용 로봇은 25.5% 확대했다. 한 로봇산업 관계자는 "국내 산업용 로봇시장은 현대로보틱스 등 오래 전부터 사업을 영위하던 기업이 높은 점유율을 차지하고 있어 다소 레드오션이다"라고 말했다. "그렇지만 서비스용 로봇은 이제 막 커지고 있는 시장"이라면서 "특히 아직 확실한 강자가 없는 상황이기 때문에 잠재력이 크다"라고 덧붙였다. 올해 삼성전자는 신성장 핵심동력으로 로봇을 콕 짚었다. 지난 3월 열린 제53회 정기 주주총회에서 삼성전자 디바이스익스피리언스(DX) 부문장 한종희 대표는 "신사업 발굴 첫 행보는 로봇"이라고 언급하기도 했다. 지난해 12월에는 로봇사업화 태스크포스(TF)를 10여 개월 만에

상설조직인 로봇사업팀으로 격상하는 등 로봇사업화를 위한 적극적인 움직임을 보이고 있다.

삼성전자는 서비스용 로봇 중에서도 보행을 돕는 웨어러블 로봇에 주목했다. 특히 오는 8월에는 지난 2019년 미국 라스베이거스에서 개최한 'CES 2019'에서 처음 공개한 웨어러블 로봇 '젬스'를 출시할 것으로 가닥이 잡히고 있다. 젬스는 지난 4월 미국 식품의약국(FDA)에서 '시판 전 신고'를 마치며 출시를 준비 중이다.

HD현대 계열사 현대로보틱스는 작년 3월 KT와 손잡고 '호텔로봇'을 내놓은 데 이어 올해 6월 '방역로봇'을 출시하며 서비스용 로봇 라인업을 확장하고 있다. 현대차는 서비스용 로봇 '스팟'과 인간형 로봇 '아틀라스'를 앞세웠다.

LG전자는 서비스용 로봇 '클로이'를 물건운반과 안내 · 음식 조리 · 비대면 방역 등 다방면에 활용할 수 있도록 포트폴리오를 늘렸다. 두산그룹 계열사 두산로보틱스는 무인카페에 집중했다. 두산로보틱스는 모듈러 로봇카페 시스템인 '닥터프레소'를 지난 6월 미국에서 첫선을 보였다.

출처: 디지털데일리, 2022.8.22

| 그림 3-49 | **중국 최대의 딜리버리 앱 메이퇀의 로고와 슬로건**

출처: 메이퇀 홈페이지

우리나라도 매년 배달시장의 규모가 커지고 있는 추세이나 전통적인 배달시장 플랫폼에서 시작된 중국의 배달 OTO 서비스는 우리나라보다 발전한 것이 현실이다.

(3) SNS와 외식산업

SNS와 외식산업을 연결하는 대표적인 예는 중국의 국민 앱인 위챗(WeChat, 微信)이다. 위챗(WeChat)은 중국의 기업 텐센트에서 2011년에 내놓은 모바일 메신저로 중국 내 10억 명 이상의 인구가 사용하고 있다. 위챗(WeChat)은 패스트푸드점의 키오스크(kiosk)를 대체하여 주문 및 메뉴정보 제공, 결제까지 각각의 소비자가 가지고 있는 위챗페이(WeChat pay)를 통해 가능하게 한다. 앞에서 설명한 알리페이와 위챗페이의 사용으로 중국 국민의 70% 이상이 스마트폰으로 결제하는 독보적인 국가가 되었다. 온라인 결제, QR코드의 보편화로 오프라인에서 대부분의 결제가 모바일페이를 통해 이뤄진다.

| 그림 3-50 | **위챗페이(WeChat pay)**

출처: 위챗 홈페이지

바. 4차 산업 추진현황

◈ 디지털인구의 규모가 압도적이며 이용자들을 위한 인프라가 확산 추세에 있다.

◈ 무인상점의 확산으로 온라인과 오프라인의 통합구조를 가져가고 있다.

◈ 제조2025의 발전계획을 토대로 핵심기술 주도국가로 가려는 목표를 가지고 있다.

◈ 인터넷 플러스(+)를 통한 모든 산업의 디지털화를 추진하고 있다.

◈ 국가정보화 발전전략을 수립하여 2050년까지 부강한 현대적 사회주의 국가로의 도약을 목표로 하고 있다.

◈ 푸드테크 기술은 O2O 서비스를 중심으로 급성장하고 있다.

4) 인도

4차 산업혁명의 리더로서 인도를 거론하는 이유는 앞으로의 미래전망에서 인도의 성장요인이 다분하기 때문이다. 실시간 통계조사 사이트 월드오미터(Worldometer)[23]에 2022년 현재 측정되는 인도의 인구는 14억 명으로 중국과 대등한 수준이며 수년 내 중국보다 더 많은 인구의 국가가 될 것으로 예상한다. 아울러 인도는 전통적으로 IT강국으로 포지셔닝되고 있어 앞으로 4차 산업혁명의 핵심기술을 지속적으로 발전시킬 수 있는 무한한 역량을 갖고 있는 것으로 평가되고 있다.

인도는 일찍이 1900년대에서 2000년대로 넘어가며 발생한 밀레니엄버그를 수정하기 위해 미국에 많은 엔지니어를 공급하면서 IT산업의 태동이 이루어졌다고 한다. 이 부분을 계기로 미국이 인도에 대량으로 소프트웨어 개발을 발주했으며 인도 카스트제도의 구속에서 벗어나려는 탈출구로 IT기술자에 관한 관심이 높아져 엔지니어가 증가하였으며 인도 공과대학IIT(Indian Institutes of Technology)의 높은 교육수준도 한몫했다.

인도는 유선전화기의 보급에 앞서 바로 스마트 폰을 보급하는 등의 도약(leap-flog)형 발전을 통한 대담한 기술 도입을 실천한 국가로 미국 실리콘밸리 인력의 40%가 인도인이라고 하며 인도의 IT 도시인 방갈로르(Bangalore)는 총인구 1,100만 중 약 200만 명에 육박하는 인구가 IT전문 인력이다.

---

23 www.worldometers.info

가. 디지털 인디아(Digital India)

| 그림 3-51 | 디지털 인디아 홈페이지

출처: www.digitalindia.gov.in

디지털 인디아(Digital India)는 인프라와 인터넷 연결을 증가시키거나 기술분야에서 국가를 디지털 방식으로 강화함으로써 정부의 서비스가 시민들에게 전자적으로 제공되도록 하기 위해 인도 정부가 시작한 캠페인이다.

이 계획에는 도시 및 농촌 지역을 고속 인터넷 네트워크로 연결하는 계획이 포함된다. 안전하고 안정적인 디지털 인프라의 개발과 디지털 방식으로 정부의 서비스를 제공하며 디지털 문맹퇴출이라는 세 가지 핵심 구성요소로 추진하고 있다. 디지털 인프라의 경우 인도는 디지털 개인 인증 플랫폼인 아드하르(aadhaar)를 개발하여 운영하고 있으며 이 플랫폼은 약 12억 명의 지문 및 홍채정보를 인식하여 개인인증서비스를 제공하고 있다. 또한 정부의 민원 서비스 플랫폼인 National e-Governance Plan(NeGP)을 통해 정부서비스를 제공하고 있다.

나. 사물인터넷정책 2015

사물인터넷정책(IoT)은 현재 인도에 공급된 사물인터넷 디바이스를 현 2억 개에서 15억 개까지 확대하여 국가 연결성을 강화하는 스마트국가 전환비전을 제시하고 있다. 인도 정부는 4차 산업혁명의 대응에 있어 정부의 직접개입보다는 민간 주체들이 적극적으로 활동할 수 있도록 후방지원의 역할에 집중하고 있다.

또한 인도의 대표적인 민간 IT기업 협의체인 나스콤(NASSCOM)[24]과 협력하여 CoE-IoT[25]이라는 이름의 사물인터넷 혁신센터를 구축하였으며 인도정부는 디지털 인디아(Digital India) 기반의 '스마트시티(smart city)'를 동시에 추진하고 있다.

◈ **사물인터넷(IoT):** 각종 기구나 장비에 센서와 통신기능을 장착하여 인터넷에 연결하여 제어가 가능케 하는 기술. 즉, 무선통신을 통해 각종 사물을 연결하는 기술을 의미한다. 내비게이션, 핸드폰, 인터넷으로 연결하여 제어가 가능한 가정용 냉장고나 에어컨 등을 예로 들 수 있다.

◈ **스마트시티:** 국가별 여건에 따라 매우 다양하나 4차 산업혁명 혁신기술을 활용하여, 삶의 질을 높이고, 도시가 지속적으로 유지될 수 있도록 하는 새로운 산업육성 플랫폼을 말한다.[26]

◈ **인도의 스마트시티:** 스마트시티는 경쟁력(competitiveness), 지속가능성(sustainability), 삶의 질(quality of life)을 두루 갖춘 도시를 의미하며, 제도적 인프라(도시 계획 및 관리), 물리적 인프라(IT기술을 활용하여 대중교통 및 도로 시스템, 생활 편의 서비스), 사회적 인프라(교육시설, 의료, 운동시설 및 여가활동 기반시설), 경제적 인프라(인큐베이션 센터, 직업 훈련 센터, 산업단지, IT파크, 무역센터 등)의 4가지 인프라를 구축하는 것을 목표로 하고 있다.[27]

---

24 National Association of Software and Service Companies: 인도의 기술산업에 중점을 둔 비정부 무역협회 및 옹호그룹
25 The Centre of Excellence for IoT
26 smartcity.go.kr
27 인도 스마트시티 정책, 주인도 대한민국 대사관

다. 외식산업 적용사례

(1) 인도의 배달플랫폼

인도 음식 배달시장의 총거래 가치는 2020년 기준 40조 원을 돌파하고 있으며 2022년 기준 90조 원 규모로 시장이 확대될 전망이다. 코로나사태와 인도의 노동인구가 증가함에 따라 배달수요가 증가하고 있다.

인도의 외식산업시장 전체 규모는 2017년 기준 약 482억 달러로, 향후 5년간 매년 10%의 성장세를 기록하고 있으며 2022년에는 790억 달러로 성장할 것으로 전망되고 있다.[28]

한국 음식 배달시장보다 큰 규모이며 인도의 음식 배달시장은 'SWIGGY'와 'ZOMATO'라는 두 기업이 장악하고 있다 두 기업 모두 우리나라의 배달 플랫폼처럼 거대기업이며 증시에 상장된 회사이다. 우리나라의 다양한 기업들이 이 기업에 투자하고 있는 것처럼 각국에서 투자유치가 이루어지고 있다.

| 그림 3-52 | SWIGGY

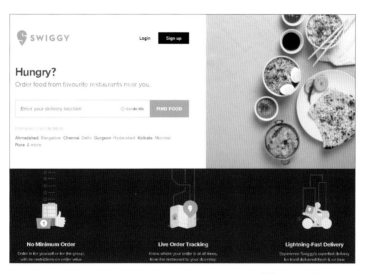

출처: www.swiggy.com

---

28 KOTRA, 해외시장 뉴스

| 그림 3-53 | ZOMATO

출처: www.zomato.com

(2) Agri-tech

출처: www.india-briefing.com

인도의 농업부문은 크게 농업(작물 및 원예)과 임업, 가축(우유, 달걀, 육류) 및 수산업으로 구성되며 중국에 이어 농업 총부가가치(GVA)가 3조 3,204억 달러로 세계 2위의 농업생산국이다. 농업생산은 인도 수출의 12%를 차지하는 중요 분야이다. 인도는 농업 생산성 향상을 위해 4차 산업혁명의 기술들을 활용한 스마트 농업기술 프로그램을 추진하고 있다. 사물인터넷과 빅데이터를 이용한 다양한 정보를 통해 파종하여 수확할 때까지 의사결정에 도움을 주며 농작물의 신선도 상태를 실시간으로 모니터링하여 생산 및 유통단계에서 필요한 조치를 취할 수 있는 시스템을 갖추고 있다.

| 그림 3-54 | **드론의 센서를 활용한 모니터링**

출처: www.coe-iot.com/agritech

시장과 농장의 생산물을 연결하기 위한 디지털 시장 및 물리적 인프라와 생명공학기술, 종량제 방식으로 임대하는 농기구 그리고 생산성 향상을 위한 지리 공간 또는 날씨 데이터, IoT, 센서, 로봇 등의 사용 자원 및 현장 관리 등을 위한 농장 관리 솔루션 등의 농장 기계화 및 자동화를 이루었고 품질 관리 및 추적이 가능한 디지털 플랫폼 및 물리적 인프라를 제공하는 정보 플랫폼과 온라인 플랫폼을 제공하고 있다.

| 그림 3-55 | IoT와 스마트 농업

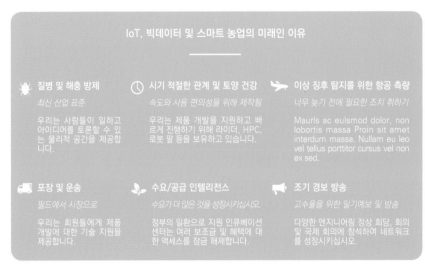

출처: www.coe-iot.com/agritech

라. 4차 산업 추진현황

◈ 디지털 인디아(Digital India) 캠페인의 전개

◈ 디지털 개인 인증 플랫폼 아드하르를 통한 12억 명의 개인 인증 플랫폼 운영

◈ 사물인터넷정책(IoT) 2015를 통한 스마트 국가 전환

◈ 스마트시티(smart city)

[특별 기고] '디지털 인디아' 시대의 비즈니스

'디지털 인디아'란 무엇인가

디지털 인디아는 인도 경제를 디지털 경제로 전환시키기 위해 인도 정부가 다양한 정책을 통해 내놓고 있는 정책 계획이다. 정부는 이 같은 정책 기조 아래 다양한 시설과 인프라를 제공하고 있다.

일례로 인도의 도시나 지방 거주민들 모두에게 휴대폰, 인터넷 등의 디지털 기기들을 사용해 더 나은 서비스를 이용할 수 있도록 하는데, 때문에 인도에서 인터넷 사용자의 수는 지난 2015년 말 기준으로 4억 명이 넘는다. 인도가 미국을 추월해 중국에 다음가는 최다 인터넷 사용 인구를 갖게 된 것이다. 향후 15년에는 10억 명 이상의 인도인들이 인터넷을 사용할 것으로 예측돼, 세계에서 인터넷 사용자가 가장 많은 나라가 될 것으로 보인다.

새로운 디지털 인디아에서는 외국 기업들도 다양한 비즈니스 분야에 진출하고 있다. 최근 몇 년간 거의 모든 전 세계 주요 기업들이 인도에서 사업을 시작했다. 중국과 일본 기업들 역시 디지털 인디아에 과감한 투자를 결정했다.

디지털 인디아 경제에 대한 중국 기업들의 관심이 빠르게 커짐에 따라 중국의 대(對)인도 투자도 크게 늘었다. 일본 기업들 역시 인도의 새로운 시장에 대한 비상한 관심을 보여주고 있다. 일본의 한 경영그룹이 내놓은 연구에 따르면 일본은 인도가 앞으로 10년간 일본에 있어서 가장 큰 시장이 될 것이라고 예측한다.

그러나 한국 기업들의 디지털 인디아에 대한 관심과 참여도는 높은 편이 아니다. 한국 기업들에게는 여전히 인도는 먼 시장으로, 인도의 사업 환경 또한 녹록지는 않다고 생각하고 있다. 그렇다면 새로운 디지털 인디아에서의 어떤 중요한 사업기회들이 있는지 알아보자.

♦ 서비스/배달 시스템

인도에서 디지털 경제가 출현함에 따라 '서비스 배달 시스템'에서의 거대한 비즈니스 기회가 창출될 움직임이다. 현재 인도 사람들은 음식, 식재료, 육고기 등을 신속하게 배달하는 시스템을 찾고 있으며, 동시에 의약품과 긴급용품을 빠르게 전달할 수 있게 되기를 원한다.

이러한 개인적인 필요 외에도 인도에서 e-커머스 업체들의 숫자가 늘어남에 따라 이들의 수요를 충족할 만한 배달 시스템이 필요하다. 소규모 배달산업 스타트업들이 생겨나고는 있지만 그 수요를 충족하기에는 부족하다.

때문에 한국 기업들에게는 많은 기회가 있다고 본다. 한국의 다양한 종류의 배달 시스템들은 인도인들이 원하는 다양한 사업 모델을 모두 만족시킬 수 있을 것이다. 예를 들어 한국 기업인 '배달의민족' 콘셉트가 디지털 인디아에서 히트 사업 모델이 될 수 있다.

♦ 푸드테크

푸드 비즈니스는 디지털 인디아에서 가장 크게 붐이 일고 있는 분야 중 하나다. 인도의 푸드산업 규모는 2020년 800억 달러에 달할 것으로 예상된다. 향후 모디 정부는 푸드산업에서의 외국인 직접 투자(FDI)를 100% 허용하겠다고 발표할 예정이다. 인도는 오는 11월에 '월드 푸드 인디아' 박람회를 개최한다.

앞으로 한국의 푸드 관련 기업들에게 인도에서의 다양한 사업기회가 주어질 것이다. 예를 들어 한국 기업들은 인도의 젊은 소비자들을 타깃으로 사업을 진행해 볼 수도 있다. 인도의 젊은이들은 패스트푸드나 비전통적인 음식에 기꺼이 돈을 지불하고 외국 음식들을 시식하는 데 거리낌이 없다. 그들은 집이나 사무실 미팅장소 등에서 다양한 음식들을 즐기고 싶어 한다. 한국의 패스트푸드, 디저트, 커피, 아이스크림 등 기업들의 전문성이 인도에서의 좋은 사업 모델이 될 수 있다.

5) 싱가포르

싱가포르는 스마트시티, 핀테크(fintech)허브 구축, 스마트국가(smart nation)의 구현을 위해 또 하나의 싱가포르를 메타버스세계에 구축하는 '가상 싱가포르(Virtual Singapore)' 프로그램 추진을 세계 각국과 협업하며 4차 산업혁명에 대응하고 있다.[29]

가. 스마트네이션(smart nation)

앞서 인도의 사례에서 언급한 것처럼 스마트시티(smart city)는 교통, 환경, 에너지, 안전, 자원, 의료, 생활복지 등 도시 인프라를 빅데이터, AI, IoT, 클라우드 등의 테크놀로지와 연결하여 도시 관리의 효율성은 물론 시민의 삶의 질을 높일 수 있는 도시를 추구하는 것이며, 우리나라의 경우 2003년 송도를 U−city(Ubiquitous city)로 구축하는 사업을 구상한 바 있다.

---

29 김명희(2021), 싱가포르 스마트네이션의 분석과 함의, 스마트시티 이니셔티브의 실행적 수단을 중심으로, 삼육대학교 스미스 학부대학.

| 그림 3-56 | 스마트네이션

출처: www.smartnation.gov.sg

스마트네이션의 비전은 디지털 정부, 디지털 경제 및 디지털 사회가 기술을 활용하여 건강, 교통, 도시 생활, 정부 서비스 및 비즈니스에 변화를 가져오는 것이며 디지털 정부는 인프라에 지속적으로 투자하고 기업과 시민이 배우고 개발할 수 있는 공유 개방형 플랫폼을 만든다. 디지털 경제는 기업이 기술과 인재에 투자하여 성장을 장려하도록 독려하며 디지털 사회는 개인이 자신의 재능을 개발하고 최신 디지털 기술로 무장하여 더 나은 삶을 함께 살 수 있도록 지원한다는 비전을 가지고 출발하였다.[30]

---

30 Smart Nation and Digital Government Office(2018), smart nation strategy

| 그림 3-57 | smart nation 개요

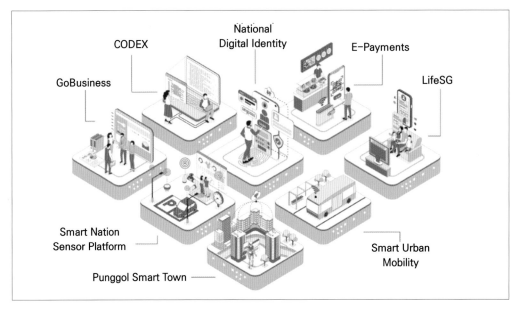

출처: www.smartnation.gov.sg

나. 4차 산업 추진현황

◈ 정부와 국가 최고지도자가 앞장서서 4차 산업혁명의 주요 정책을 리드하고 있다.

◈ 실생활과 비즈니스에 직결되는 인프라를 우선적인 핵심사업으로 추진하고 있다.

◈ 빅데이터(Big-data)를 정부가 앞장서서 수집하며 공유하는 특징을 가지고 있으며 자국 내 모든 장소에서 IoT를 통한 데이터를 실시간으로 수집하여 활용하고 있다.

◈ 민간기업의 참여와 자국기업과 다국적 기업 간의 해외 연계진출을 적극 지원하고 있다.

◈ AI기술에 대한 R&D를 적극 지원 · 양성하고 있다.

◈ 인재 양성을 위한 투자를 위해 초등학교부터 코딩, 컴퓨팅, 프로그래밍 교육을 실시하며 직장인의 기술교육 및 평생학습 확대 등을 추진 중이다.

◈ 경제안보 측면에서 첨단제조업의 육성에 집중하고 있다.

◈ 싱가포르의 강점인 ICT와 금융산업, 바이오메디컬과 전자분야를 토대로 도시국가라는 한계점을 극복하고 있다. 핀란드와 함께 세계에서 유일하게 무인자율주행차를 위한 테스트베드를 법적으로 허용하고 있다.

| 그림 3-58 | **싱가포르 국립대학교 영내에서 진행 중인 SMART(Singapore-MIT alliance for research and technology)의 자율주행 전기자동차 테스트**

출처: Straits Times

다. 외식산업 적용사례

(1) 스마트시티 키친(smartcity kitchens)

이미 우리나라에서는 일반화된 공유주방을 싱가포르에서는 코로나가 확산되는 시점 방역을 위해 경제사회활동을 제한하는 서킷브레이크(circuit break)를 도입, 대부분의 소매점이 폐쇄됐으며, 음식점 내 취식이 금지되었던 것을 계기로 외식업 점포의 형태 변화를 무점포 주방으로 해결하였다. 싱가포르 통계국에 따르면, 2021년 6월 기준 외식산업 전체의 매출액 중 온라인 판매가 차지하는 비율은 48%로 거의 절반에 가까운 수준이다.

특히나 싱가포르는 임대료와 인건비가 매우 비싼 국가이기 때문에 확대되고 있는 음식 배달 서비스 수요에 대응하면서 동시에 비용을 절감한 가운데 운영할 수 있는 이점은 환경변화에 대응하기 위한 훌륭한 수단이 되었다.

현재 싱가포르에는 약 2만 8,000여 개의 음식점이 있으며, 지난 10년 동안 연평균 4.2% 증가했다. 싱가포르 전체 음식점의 약 75%가 독립 노점과 키오스크이며, 이들은 주로 호커센터[31] 또는 소규모 식당의 형태이다.[32]

| 그림 3-59 | **싱가포르의 스마트시티 키친**

출처: smartcitykitchens.com

---

31 홍콩, 말레이시아, 싱가포르 등의 지역에서 저가 음식점의 노점과 상점을 모은 야외 복합시설이다. 전형적인 호커센터는 공공 주택, 버스 터미널, 기차역 부근 등 사람이 많이 모이는 장소에 설치되어 있다.(위키백과) 호커는 영어로 "행상하는 사람"을 뜻한다.
32 농식품수출정보(www.kati.net/board)

| 그림 3-60 | 호커센터(Hawker center)

출처: 위키백과

싱가포르 시장의 매출은 2022년에 미화 5억 3,100만 달러에 이를 것으로 예상됨에 따라 음식 배달의 급속한 증가추세는 계속해서 상승할 것으로 예상하고 있다.

(2) 대체육

미국 푸드테크 기업 잇저스트(Eat Just)가 세포 배양 닭고기를 식품으로 승인한 것은 싱가포르가 세계 최초다. 푸드테크 산업에 발 빠르게 대응하고자 하는 정부의 의지로 보이며 관련 식품 기술 연구·개발(R&D)에 예산을 책정했고 대체육 안전성을 연구하고 푸드테크 기업들의 R&D를 지원하기 위한 퓨처레디푸드세이프티허브(Future Ready Food Safety Hub)[33]를 신설하였다.

---

33 Singapore Food Story R&D 프로그램의 국가 연구 및 지원 플랫폼, 싱가포르 과학기술연구청(A*STAR), 싱가포르 식품청(SFA), 난양공과대학(NTU)이 공동으로 설립(www.ntu.edu.sg/fresh)

| 그림 3-61 | 싱가포르에 기반을 둔 푸드테크 넥스트젠의 식물성 틴들치킨

출처: Tindle / Next Gen

6) 일본

일본은 정부주체로 민생해결을 위한 4차 산업혁명의 핵심기술을 이용하고 있다. 사회적 · 경제적 문제, 노령화사회로 인한 생산 인구문제의 해결방안으로 사물인터넷, 로봇, 빅데이터 등을 활용한 기술혁신을 추진하고 있다. 장기간 침체에 빠진 일본 경제의 구조개혁과 새로운 성장동력 발굴의 난제를 해결하기 위한 수단으로서 4차 산업혁명은 새로운 계기를 제공하고 있다.

일본은 '신산업구조 비전'(新産業構造ビジョン), '일본재흥전략'(日本再興戰略) 등에서 4차 산업혁명을 공식적으로 언급하며 그 활용방안을 모색하고 있다. 특히 인공지능, 빅데이터, 로보틱스 활용의 공중보건, 무인자동차를 활용하기 위한 교통, 규제 개혁과 핀테크를 우선적으로 추진하고 있다.

| 그림 3-62 | 일본의 4차 산업 추진전략

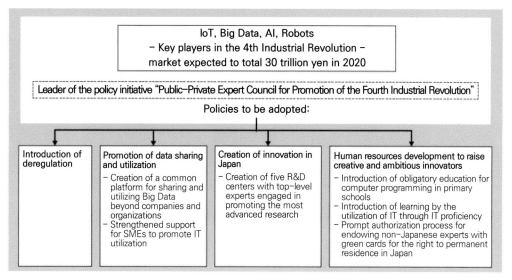

출처: Council of Industrial Competitiveness of Japan

가. 초스마트사회 소사이어티 5.0(Society 5.0)

초스마트사회란 4차 산업혁명의 핵심기술을 이용하여 초연결사회(hyper-connected society), 즉 사람과 사람, 사람과 사물, 사물과 사물이 거미줄처럼 촘촘하게 네트워크로 연결되는 사회를 만들어 인간의 삶의 질을 높이고 행복한 삶을 영위할 수 있는 사회를 말하며 이를 위해 일본 미래대응 전략으로 소사이어티 5.0(Society 5.0)을 추진하고 있다.

소사이어티 5.0은 일본의 제5차 과학기술기본계획에서 일본이 지향해야 할 미래사회로 제시됐다. 5.0의 개념은 인간사회가 수렵(Society 1.0), 농경(Society 2.0), 산업(Society 3.0), 정보(Society 4.0) 사회 순으로 발전하여 왔기 때문에 다음 사회에 대한 순번으로 부여한 숫자이다.

| 그림 3-63 | **초연결사회(hyper-connected society)**

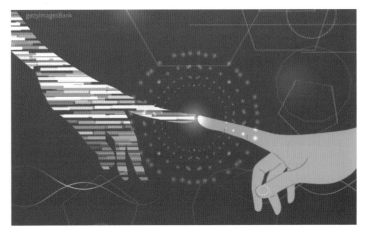

출처: 서울특별시 서울연구팀 주간브리프 vol. 404

정보화 사회(Society 4.0)에서는 지식과 정보의 단면적 공유가 부족하고 협력이 어려웠으며 넘쳐나는 정보 속에서 필요한 정보를 찾아 분석하는 작업이 부담이 되었고, 나이와 능력의 차이로 인해 노동력과 행동 범위가 제한되었다. 또한 저출산, 고령화, 지역적 인구 감소 등의 문제에 대한 다양한 제약으로 적절한 대응이 어려웠다.

Society 5.0의 사회개혁(혁신)은 기존의 오래된 통념과 관습을 타파하고 미래지향적인 사회, 구성원들이 세대를 초월하여 서로를 존중하는 사회, 한 사람 한 사람이 주도할 수 있는 사회를 이룩하여 활동적이고 즐거운 삶을 영위하자는 목표를 가지고 있다. 아울러 일본 정부는 이를 위해 관료적이고 경직적인 규제를 개혁하고 고용 시스템과 인사정책을 타파하고 과학기술에 혁신을 기하기 위하여 과감한 개혁과 투자를 하고 있다.

나. 4차 산업 추진현황

◈ 사회적 문제(사회시스템) 개혁을 위한 수단으로 활용(Society 5.0)
◈ 4차 산업혁명을 향한 경제사회시스템 구축으로 민관 협력 강화

◈ 전문인력 양성

◈ 데이터 촉진 활용을 위한 환경정비

◈ 로봇, 기계, 제어계측 등 일본의 강점에 초점

| 그림 3-64 | Society 5.0이 추구하는 인간 중심의 사회

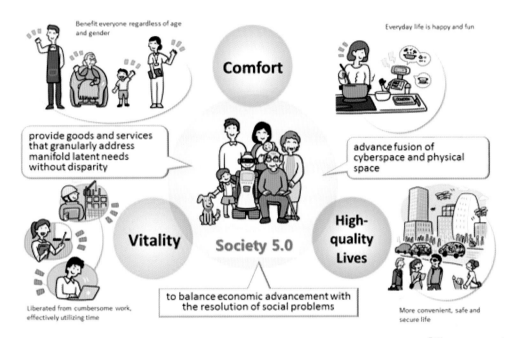

출처: www.cao.go.jp

| 그림 3-65 | 소사이어티 5.0(Society 5.0)의 개념도

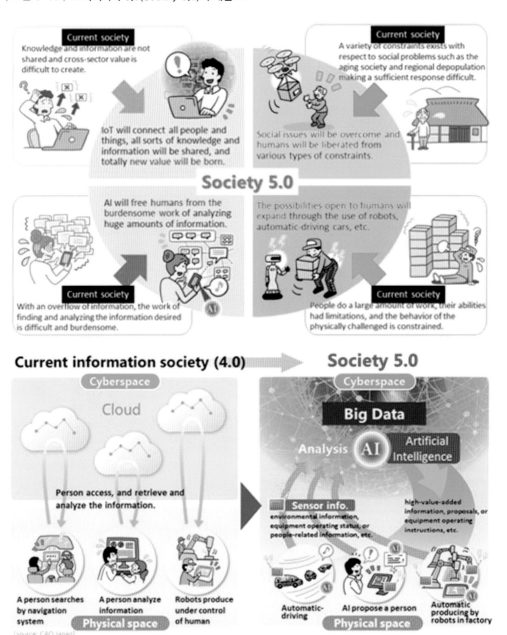

출처: www.cao.go.jp

다. 외식산업 적용사례

푸드테크시장 확대를 위해 일본정부는 '푸드테크 관민협의회'를 설립, 민간에서는 미쓰비시상사(三菱商事)나 닛신식품(日淸食品)과 같은 식품기업이 관련 제조기업과 함께 곤충사료, 배양육 등에 대해 추진하고 있다.

[J-FOOD 비즈니스] 다방면으로 전개되는 대체육 비즈니스 사례

식품과 기술을 결합한 푸드테크(foodtech) 산업이 전 세계에서 급속도로 확대되고 있다. 일본에서는 환경 보호, 동물복지 문제가 주목받으며 식물성 고기, 세포 배양육, 곤충식 등 대체육 시장이 빠르게 성장하는 중이다. 정부 차원에서 장기적인 미션을 세우고 투자를 하는 한편 곤충음료수, 콩고기 등 다양한 상품들이 시중에 나와 있다.

곤충 자판기부터 콩고기까지 빠르게 성장 중인 日 대체육 시장

유통대기업 이온은 식물에서 유래한 식재료를 사용하여 만든 파스타 소스, 면 등을 개발해 작년 10월부터 출시를 시작했다. 자체브랜드(PB) '베지티부'를 론칭하고 일본 전역의 약 2000점포에서 판매가 이뤄졌다.

출처: イオン

출시한 식물성 식품은 밀가루 대신 현미와 병아리콩을 사용한 파스타를 포함해 총 9종으로 환경, 식품 안전에 민감한 20~30대 고객층을 대상으로 한다. 콩으로 만든 햄버거, 두유, 치즈와 푸딩, 요구르트 등 제품에 대한 반응이 좋아 앞으로도 시장을 확대해 나갈 예정이다.

지난 3월에는 신제품으로 콩을 이용한 식물성 다진 고기 등 3종을 새롭게 선보였다. 콩 다진 고기의 경우 소비자의 취향에 따라 만두소로 사용하거나 햄버거 패티를 만드는 등 기호에 따라 조리가 가능하다. 가격도 100g당 138엔(약 1,400원)으로 저렴한 편이다.

푸드테크시장 확대를 위해 일본 정부도 움직이기 시작했다. 농림수산성은 작년 '푸드테크 관민협의회'를 설립하여 민간에서는 미쓰비시상사(三菱商事)나 닛신식품(日淸食品), 곤충사료제조기업 등이 함께 곤충사료나 배양육에 대해 의논하고 있다.

2020년 12월에는 '문 쇼트(Moon shot)형 농림수산연구개발사업'을 시작했다. 문쇼트형 연구 개발제도는 2050년까지 미이용 생물기능 등의 활용을 통해 전 세계적으로 지속적인 식량공급산업 창출 달성을 목표로 한다.

특히 일본에서는 곤충식에 대한 시도가 활발히 진행되고 있다. 곤충식 전문 레스토랑은 물론 과자, 자판기까지 시중에 등장했다. 도쿄 아키하바라에는 2019년 7월 여성을 대상으로 한 곤충 자판기 'MOSBUG'가 등장했다.

출처: イオン

귀뚜라미 단백질바 및 스낵 등 13종의 곤충식을 500
엔(약 5,000원)에 판매한다. 단백질, 유산균, 필수 아
미노산, 철분이 풍부하게 들어 있는 건강식품으로 여
성들이 거부감을 느끼지 않도록 자판기도 귀여운 느
낌으로 디자인을 했다.

출처: イオン

또한, 곤충인 물장군을 0.3% 함유한 사이다가 일본에
서 등장해 눈길을 끈다. 물장군이 가진 과일 향을 이
용해 만든 탄산음료로 온라인뿐만 아니라 도쿄에서
카페를 함께 운영 중이다.

출처: 식품외식경영(2021)

01. 산업혁명이 일어날 때 기술변화에 의해 큰 변화가 일어난다. 4차 산업혁명의 대표적인 기술 분야에는 어떤 것들이 있는가?

02. 4차 산업혁명으로 인간의 노동력을 대신하게 된다면 앞으로 직업전망은 어떻게 되는가? 4차 산업혁명이 오히려 직업을 잃게 하여 삶의 질을 떨어뜨리는 것은 아닌가?

03. 해외 각국과 비교하여 우리나라 4차 산업혁명의 현재는 어떠한가? 우위에 속하는가 후발 주자에 속하는가? 기술 격차는 얼마나 되는가?

04. 해외 각국의 4차 산업혁명의 기술 중 특이하다고 생각하는 점은 무엇인가?

05. 현시점에서 우리에게 가장 필요한 4차 산업혁명 기술은 무엇인가?

06. 최근 각자 경험한 4차 산업의 외식산업 적용분야의 기술은 무엇인가?

01. 우리나라의 4차 산업혁명 계획의 명칭은 무엇인가?

① I-KOREA4.0

② 인더스트리 4.0

③ SMART NATION 4.0

④ 제조 2025

02. 우리나라의 산업혁명 핵심기술과 역량의 우수한 잠재력 분야가 아닌 것은?

① 빠른 네트워크

② ICT 역량

③ 스마트 팩토리 역량

④ 우수한 인적자원

03. 우리나라의 4차 산업혁명 기술 부분의 보완점이 아닌 것은?

① 지능화(AI) 기술은 초기단계의 극복

② 새로운 산업과 시장 창출 및 산업 인프라 및 생태계 조성

③ 일자리 변화에 대한 대응 준비

④ 대통령직속 산업혁명위원회의 부재

04. 우리나라의 산업혁명 추진위원회의 핵심과제가 아닌 것은?

① 정부 주도의 4차 산업혁명 추진

② 사람중심의 4차 산업혁명

③ 공정과 신뢰 기반의 혁신

④ 디지털 혁신 생태계 조성

05. 우리나라 외식배달 애플리케이션이나 식당을 이용할 수 있는 앱(app) 등은 이제
   는 너무도 친숙한 서비스가 되었다. 그러나 이것은 단순히 스마트 폰의 발전이 아닌
   (   ) 기술이 기반이 된 것이다. 빈칸에 들어갈 말은?

   ① 푸드테크(foodtech)

   ② 애플리케이션

   ③ IT(information technology)

   ④ ICT 기술의 발전

06. 외식사업은 특성상 생산한 상품을 장기간 보관하기 어렵고 수요예측이 재고와 밀접한
   관계를 맺고 있어 수요예측에 의한 계획생산이 중요하다. 이 부분과 관련된 4차 산업
   혁명의 핵심기술 중 가장 연관성 있는 것은 무엇인가?

   ① 푸드테크(foodtech)

   ② 빅데이터(big data)

   ③ IT(information technology)

   ④ 로봇

07. 인간과 동물의 생물학적 특성을 결정하는 DNA를 부품처럼 활용하여 자연계에 존재하
   지 않는 DNA를 설계하고 이용하는 기술을 연구하는 분야이며, 일반적으로 제약회사에
   서 신약개발에 많이 사용되고 있는 기술은 무엇인가?

   ① 스마트팜

   ② 바이오기술

   ③ IT(information technology)

   ④ 인공지능(AI)

08. 다음 중 대체육의 유형이 아닌 것은?

① 식물육(plant based meat)

② 배양육

③ 곤충 활용 대체육

④ 청정육

09. 세계 최초로 대체육 분야에 있어 상업적 승인을 한 국가는?

① 싱가포르   ② 대한민국

③ 미국   ④ 일본

10. 로봇의 시초와 관련 없는 것은?

① 1920년 체코어 희곡 RUR(rossumovi univerzální roboti - Rossum의 universal robots)에서 카렐 차펙(Karel Čapek)의 가상의 인간을 나타내는 데 처음 사용됨

② 그리스의 신 헤파이스토스(Hephaistos)가 창조한 기계하인, 자신이 만든 조각상과 사랑에 빠진 피그말리온(Pygmalion)

③ 중국의 수학자이자 과학자였던 수송(Su Song, 苏颂)은 1066년 시간을 알리는 인형이 있는 기계를 개발하였다.

④ 로봇이라는 용어는 그리스의 아리스토텔레스가 최초로 인간과 구분하는 용어로 사용함으로써 시작되었다.

11. 다음 중 외식산업의 로봇활용에 대한 적용 분야가 아닌 것은?

① 서빙로봇   ② 바리스타로봇

③ 룸서비스로봇   ④ 스마트키친

12. 키오스크의 장점이 아닌 것은?

    ① 인력부족 해소

    ② 인건비 절감효과

    ③ 모든 연령대에 손쉬운 조작

    ④ 주문과 결제 동시 가능

13. 생산시설의 자동화를 추구하며 등장한 독일의 산업화 공장개념에 대한 명칭은?

    ① 스마트 팩토리   ② 스마트 시티

    ③ 스마트네이션   ④ 스마트 4.0

14. 4차 산업혁명이라는 추상적인 의미 대신 미국에서는 구체적인 기술발전 방향에 부합하는 이름으로 4차 산업혁명을 명명하고 있다. 이 명칭은 무엇인가?

    ① I-AMERICA 4.0

    ② 디지털 트랜스포메이션(digital transformation)

    ③ SMART NATION 4.0

    ④ 스마트 팩토리

15. 미국 민간기업인 제너럴 일렉트릭(General Electric, GE)사는 디지털화의 선두에 나서서 직접 소프트웨어를 만드는 기업으로 변하고자 한 야심찬 계획을 내세웠으며 (   )이라는 구체적인 개념을 세웠다. 빈칸에 들어갈 말은?

    ① 산업 인터넷   ② 인더스트리 4.0

    ③ SMART NATION 4.0   ④ 스마트 팩토리

16. '인더스트리 4.0' 용어의 창시자라 불리는 사람은 누구인가?

    ① 슈밥(Klaus Schwab)

② 볼프강 발스터(Wolfgang Wahlster)

③ 잭 웰치(Jack Welch)

④ 스티브 잡스(Steve Jobs)

17. 다음 중 중국 디지털경제의 큰 변화를 이끄는 것과 관련 없는 것은?

① O2O   ② 공유경제

③ 인터넷 플러스(+)   ④ 산업 인터넷

18. 인터넷에 전통산업을 접목시켜 플랫폼을 기반으로 모든 사물과 기기를 연결하는 개념으로 중국에서 중점을 두고 추진하고 있는 것은?

① 인터넷 플러스(+)   ② 인더스트리 4.0

③ SMART NATION 4.0   ④ 스마트 팩토리

19. 금융(Finance)과 기술(Technology)의 융합을 의미하는 신조어로, 모바일, SNS, 빅데이터 등의 첨단 IT기술이 금융산업에 접목된 새로운 산업 및 서비스 분야를 통칭하는 용어는 무엇인가?

① 푸드테크(foodtech)   ② 알리페이(Alipay)

③ 페이팔(Paypal)   ④ 핀테크(fintech)

20. 오프라인에서 줄서서 기다리는 불편함을 해소해 주고, 테이블에 앉아 주문과 결제까지 가능하게 하는 등 그 활용범위가 다양한 서비스로 배달 대행서비스로 대표되는 이 서비스는 무엇인가?

① O2O   ② 핀테크(fintech)

③ 인터넷 플러스(+)   ④ 산업 인터넷

🔓정답 1② 2③ 3④ 4① 5① 6② 7② 8④ 9① 10④ 11④ 12③ 13① 14② 15① 16②
17④ 18① 19④ 20①

4차 산업혁명과
외식산업

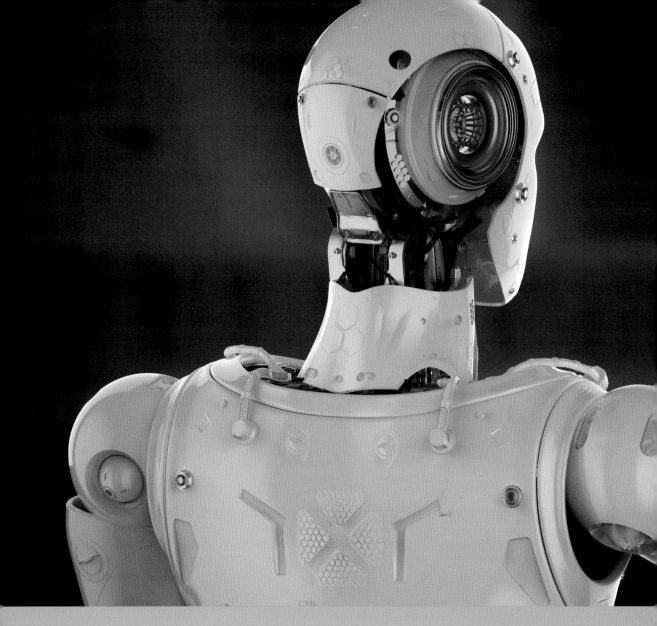

⚙️ 학습목표

Road map

1. 5차 산업혁명이 일어나게 된 배경에 대해 이해한다.
2. 5차 산업혁명을 통한 인간과 기술의 공존에 대해 이해한다.
3. 5차 산업혁명의 기술이 국내와 해외 외식산업에 적용된 사례를 통해 기술적용 방식을 이해한다.
4. 5차 산업혁명의 분야별 특이점과 현황을 학습한다.
5. 5차 산업혁명을 통한 미래상과 보완점들에 대해 이해한다.

🐦 Key word_ 5차 산업혁명, 5IR, 다보스포럼(Davos forum), Future of Jobs Reports, foodtech, cobot, 인간과 기계의 상호작용, 환경, 고용, 교육, 바이오산업, 생명공학기술(BT)

4

5차 산업혁명과
미래의 외식산업

1. 5차 산업혁명의 필요성

앞서 기술한 4차 산업혁명에 이어 5차 산업혁명의 명제가 이미 거론되고 있으며 시작되고 있다. 5차 산업혁명에 대한 언급은 Aryu Networks 2020[1], Gauri and Van Eerden 2019[2]에서 시작됐다. 또한 각종 저널(Journal of Manufacturing Systems, International Journal of Production Research, IEEE Transactions on Industrial Informatics 등)에서 언급된 것으로 보이나 정확히 어디에서 시작되었는지는 확실하지 않다.[3]

| 그림 4-1 | **산업혁명의 핵심기술과 발전**

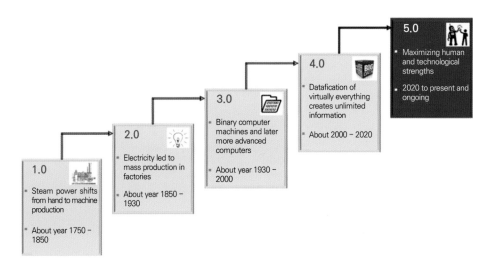

2019년 다보스포럼(Davos forum)에서는 "Blockchain + AI + Human = Magic"이라는 아

---

1   Aryu Networks(2020), WHAT WILL THE 5TH INDUSTRIAL REVOLUTION LOOK LIKE?
2   World Economic Forum(2019), What the Fifth Industrial Revolution is and why it matters
3   Stephanie M. Noblea et al.(2022), The Fifth Industrial Revolution How Harmonious Human, Machine Collaboration is Triggering a Retail and Service Revolution, Journal of Retailing 98(2022): 199~208.

이디어를 홍보했다. AI가 새로운 인간 노동 생산성을 창출할 것이며, 블록체인은 은행업무에 익숙하지 않은 사람들을 도울 것이며, 로봇은 인간의 목적에 따라 지원하게 될 것이라고 했다.

Blockchain + AI + Human = Magic

식품과 외식산업 분야에 대해 2021년 다보스포럼에서는 탄소 배출량을 줄이기 위한 노력이 증가하지 않는다면 세계의 많은 지역을 먹여 살리는 주요 작물의 수확량이 3분의 1로 감소할 수 있다고 경고하고 있다. 실제로 가축을 키워 식량으로 공급하기 위해 발생하는 탄소발생량은 전체 발생량 대비 16%를 차지하고 있어 이 부분의 기술개발과 연구노력이 지속적으로 이어지고 있다.

4차 산업혁명이 핵심기술 아래 편리한 세상을 가져온 것은 이미 피부로 느껴 공감하는 바가 크다. 다만 아쉬운 점이 남는다. 기계화, 자동화는 시공간적 편리를 주고 세상의 차원을 높였으나 이런 편리에 인간의 소외현상에 대한 우려를 남겨왔다. 기계가 인간을 대체함으로 일자리를 잃게 되고 인간이 기계보다 못한 존재로 터부시될 수도 있다는 불안감이 산업계 전반에 일어났다.

앞으로 수십 년 내 사라질 직업들이 열거되며 직업을 잃게 될지 모른다는 두려움과 새로운 미래의 직업에 대한 희망 등 불확실성에 대한 정서적 반응일 것이다.

세계경제포럼에서 2020년에 발표한 자료(Future of Jobs Reports)[4]에 따르면 초등학교에서 교육을 시작하는 어린이의 65%는 아직 존재하지 않는 직업을 갖게 될 것이며, 미국 일자리의 절반 이상이 인간 노동 없이 자동화될 가능성이 있다고 했다.

4차 산업혁명이 가속화되며 이런 우려에 대해 기업에서도 인간과 기계의 역할에 대한 시각과 조화의 중요성을 언급하고 있다. 그렇기 때문에 5차 산업혁명은 필요하다고 본다. 5차 산업혁명(5IR)은 인간과 기계의 조화로운 협력 개념을 포괄하며, 특히 사회, 기업, 직원, 소비자 등 여러 이해관계자의 복지에 중점을 두는 방향으로 진행되기를 원하고 있다.

---

4 World Economic Forum(2020), The Future of Jobs Report.

2. 인간 지원 목적의 5차 산업혁명

5차 산업혁명은 인간을 대체하는 것이 아니라 지원하는 것을 목표로 한다. 일론 머스크 테슬라 최고경영자(CEO)도 "인간은 과소평가됐다"는 트윗(twit)을 올리며 회사의 '과도한 자동화'가 실수라고 인정했다.

| 그림 4-2 | 일론 머스크(Elon Musk)의 트윗

출처: 트위터

기계화와 자동화에 박차를 가하던 테슬라 자동차의 대표가 인간을 거론한 이유에 대해 볼보(Volvo)의 자동차 조립라인의 작업공정도 비슷한 맥락에서 기계가 100% 인간을 대체할 수 없으며 인간과 기계의 조화를 강조하고 있다.

볼보의 자동차 조립라인은 사람보다 많은 로봇들이 조립라인에서 자동차를 조립한다. 차량의 차체와 각 부품을 용접하고 복잡한 부품들을 정교하게 조립해 내지만 최종적으로 인간의 감각이 없다면 차량을 완성해 낼 수 없다. 기계가 아무리 정밀하게 도색하고 용접을 해도 발생하는 오류를 찾아내는 것은 사람 손에 달려 있다. 작업이 완성된 차량을 감지하는 것은 결국 사람의 손으로 해야 한다. 사람들은 손으로 만져보고 느끼며 불완전한 부분을 감지해 낸다.

| 그림 4-3 | 로봇센서는 용접부를 검사하지만 인간의 손과 눈은 금속의 촉감과 느낌을 평가한다. 작업자가 볼보 S60 세단의 차체를 검사하는 장면

출처: Even In The Robot Age, Manufacturers Need The Human Touch, www.npr.org

3. 인간성과 생산성의 균형

인간성과 생산성의 균형은 결국 인간의 정서적인 측면과 기술진보에 따른 로봇의 육체적인 작업대체가 생산작업에서 로봇이 육체적으로 힘든 작업을 덜어주고 다른 작업에 집중할 수 있게 하는 것을 의미한다.

즉 오래된 레스토랑 셰프의 장인정신과 서비스와 같은 인간적인 측면과 기계화되어 노동과 생산성을 극대화시켜 주는 로봇은 서로를 이상적으로 보완해야 한다. 최적화된 로봇화 제조 프로세스를 통해 증가하는 맞춤형 수요를 처리함에 있어 미래의 제조 복잡성을 충족하기 위해 사람과 기계가 상호 연결되어야 한다.

4차 산업혁명에 있어 화두가 되어온 로봇에 의한 산업 적용의 사례들은 인간의 노동력을 대체하고 완벽한 시스템을 갖춘 상업시설들이 문을 닫는 사례들이 있어 기계가 인간을 완벽히 대체할 수 없음을 의미하는 것으로 보인다.

다음 사진은 고객이 주문하면 로봇이 음식을 만들어주는 Eatsa[5]의 매장사진이다. 2016년에 최초로 선보인 후 셀프 서비스 키오스크 또는 모바일 앱을 통해 주문한 후 주문상태를 알려주는 디지털 디스플레이가 있는 벽걸이형 구획에서 음식을 지불하고 픽업할 수도 있으며 직원 상호작용이 거의 필요하지 않아 미래형 레스토랑으로 주목을 받았었다.

---

5 www.digitalfoodlab.com

    2019년 7월, Eatsa는 수익이 나지 않는 지점들을 폐쇄한 후 레스토랑 기술 및 소프트웨어로 전환하고 2017년에 스타벅스와 새로운 계약을 발표하면서 브라이트룸으로 브랜드를 변경했다.

    소프트뱅크의 지원을 받아 피자 만드는 로봇으로 유명한 스타트업 기업인 Zume[6]은 자동화된 피자 생산 및 배달을 목표로 사업을 시작했다. 이 피자는 로봇에 의해 만들어지고 고객에게 전달되는 도중에 조리가 된다. 56개의 GPS와 자동 오븐이 장착된 밴에서 조리되며, 주소지에 도착하기 직전에 준비되어 도착시간에 맞춰 피자를 잘라 고객에게 제공되었다. 2016년 9월 첫 피자를 배달했으나 여기에도 인간을 대체할 수 있는 터치가 부족했다. 이 회사는 2019년 11월 피자사업을 접고 푸드트럭 기술 및 서비스로 전환했다. 2020년 1월 회사는 추가비용 절감을 위해 400명의 직원을 해고했으며 새로운 사업기회를 모색하고 있다.

---

6 www.zume.com

| 그림 4-4 | Zume의 피자로봇

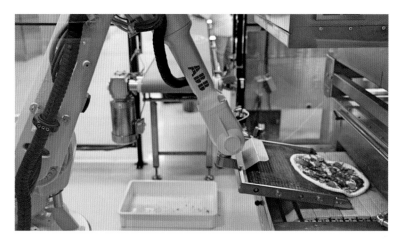

출처: See inside a robot pizza factory(www.cnet.com)

2018년 탄생한 최초의 수제버거 로봇으로 유명한 Creator[7]는 주문과 서비스는 사람이 수행하고 단순하고 반복적인 기계작업만 로봇이 수행하는 레스토랑이다. 인간성과 생산성의 균형이 중요함을 시사케 하는 사례이다.

| 그림 4-5 | **수제버거 로봇**

출처: 크리에이터(www.creator.rest) 홈페이지

---

7 www.creator.rest

인간의 감성이 필요 없는 단순한 작업만을 분리하여 이를 상용화하는 사례는 성공으로 이어지는 케이스로 전통적인 자동판매기 시장에 고도화된 로봇기술이 접목되어 피자 자판기가 들어서기 시작한 것은 좋은 사례이다.

전 세계에 16개 지점을 두고 있는 피자 브랜드인 800 Degrees Pizza[8]는 로봇 피자를 만드는 Piestro[9]와 협력하여 자동화 기계를 통해 5년 동안 3,600대의 "800 Degrees by Piestro" 기계를 시장에 출시할 예정이다. 간단한 키오스크 주문으로 3분 만에 피자가 조리 포장된다.

| 그림 4-6 | **8 Piestro의 피자 자판기**

출처: 800 Degrees Pizza

이런 사례는 4차 산업혁명의 로봇기술이 적용되어 사업화된 사례로 5차 산업혁명의 인간과 협업하는 코봇(cobot)[10]과는 거리가 있으나 4차 산업과 5차 산업의 차이점을 이해할 수 있게 한다.

5차 산업혁명은 기술로써 인간의 '부가가치'를 제조업에 반환하는 것과 같다. 소비자가 가장 많이 요구하고 가장 많이 지불할 개인화된 제품은 고급 시계와 수제 맥주와 같이 인간의 보살핌과 장인정신의 독특한 표시가 있는 제품일 것이다. 이러한 제품은 인간의 참여, 즉 인간의 참여를 통해서만 만들어질 수 있으며, 무엇보다 이러한 인간적인 터치는 소비자가 구매하는 제품을 통해 자신의 정체성을 표현하고자 할 때 추구하는 것이다.

8　www.800degrees.com

9　www.piestro.com

10　cobot 또는 co-robot은 사람과 같은 공간에서 작업하면서 사람과 물리적으로 상호작용할 수 있는 로봇이다. 이러한 특징은 대부분의 산업용 로봇이 사람과는 독립된 공간에서 작동하도록 설계된 점과는 대조된다.(위키백과)

4. 5차 산업혁명 확산의 필연성

유럽경제사회위원회(EESC)[11]는 "로봇 자동화의 확산은 불가피하다"라고 했다. 현재 변화하고 있는 추세를 모두가 피부로 느끼는 것처럼 변화의 속도는 빠르다. 예컨대 기술 변화의 속도를 함수적인 패턴으로 예측한 무어의 법칙(Moore's law)과 지식총량이 일정주기마다 두 배씩 증가한다는 지식 두 배 증가곡선(Knowledge Doubling Curve) 규칙조차도 이제는 더 이상 적용하기 어려울 정도로 변화속도는 가히 빛의 속도로 빨라지고 있다.

♦ 무어의 법칙"(Moore's law): 반도체 칩에 올라가는 트랜지스터 수가 18개월마다 두 배씩 증가한다는 지수함수적인 패턴의 대표적인 사례는 지난 수십 년간 발전속도를 예측케 하는 바로미터(barometer)였다.

♦ 지식 두 배 증가 곡선(Knowledge Doubling Curve): 미국의 미래 학자이자 발명가인 버크민스터 풀러(Buckminster Fuller)의 예견으로 인류가 축적한 지식의 총량은 100년마다 두 배씩 증가해 왔으며 그 주기는 1900년대에는 25년, 2000년대부터는 13개월로 단축되었으며 2030년에는 지식의 총량이 3일마다 두 배씩 늘어난다는 가설로 기술과 지식의 총량은 시간이 경과함에 따라 크기와 속도가 증가한다고 했다.

브리태니커 백과사전은 244년 만에 책 출간을 중단하였는데, 사전에 추가되는 내용을 업데이트하여 출간을 하려 해도 출간의 속도가 지식의 증가속도를 따라잡지 못했기 때문이라고 한다.

이러한 기술변화 속도를 감안한다면 5차 산업혁명은 이미 우리가 모르는 사이에 상당한 수준에 도달해 있다고 해도 과언이 아닐 것이다.

인간의 창의력과 의지는 제한된 힘(노동력)으로 인해 한계에 부딪히곤 했다. 그러나 4차 산업의 핵심기술들은 이런 한계를 극복할 수 있게 하였고 어떻게 새로운 기술을 최대한 활용하여 인간과 기계가 상호작용에서 최적의 결과를 이끌어낼 수 있는지가 5차 산업혁명의 방향이며 이를 통한 이해관계자들의 행복추구가 목표가 된다고 할 수 있다. 이제는 창

---

11 EESC(2018), Artificial intelligence and robotics: Inevitable and full of opportunities(www.eesc.europa.eu)

의력과 의지로 더 나은 세상을 만들 기회가 생긴 것이다.

　5차 산업혁명은 인간과 기계의 조화로운 협업 개념을 포괄하며, 사회, 기업, 근로자, 소비자 등 여러 이해관계자의 웰빙(well-being)에 중점을 두고 있다. 따라서 더 큰 사회적 웰빙을 위해 인간-기계 협업에 대해 생각하고 활용하는 방안을 앞으로도 모색하게 될 것이고 우리는 5차 산업혁명 소매 및 서비스와 어떻게 관련되는지를 고려하여 인간-기계 협업을 수용하는 방향으로 진화해야 할 것이다.

5차 산업혁명, 디지털 전환에 사람의 인텔리전트를 더하다

디지털 전환(Digital Transformation) 바람이 불면서 우리는 긍정적인 면에서 새로운 국면을 맞이하기 시작했다. 이는 산업 전반에도 영향을 미치고 있으며, 더욱 빠르고 효율적인 생산을 지원하고 있다. 이렇게 '4차 산업혁명'은 이제 우리의 일상이 되었다.

4차 산업의 핵심 중 하나는 물리적인 생산과정과 디지털 시스템이 결합했다는 것이다. 로보틱스, 연결성, AI와 같은 기술을 통해 생산과정을 자동화하고, 기존에 있던 불필요한 소비를 줄이는 방향으로 흘러갈 수 있도록 돕는다. 이는 일관성 있고 반복적인 작업을 빠르고 효율적으로 처리하는 데 매우 유용하다.

하지만 다양성이 필요한 산업이라면 이야기가 조금 달라진다. 속도와 효율성에, 생산의 유연성과 정교함도 고려해야 한다. 4차 산업이 디지털과 기기에 의존하는 것이 핵심이었다면, 이번에 이야기할 5차 산업은 사람과 기계의 조화라고 보면 되겠다. 이 5차 산업이 어떻게 더욱 스마트하고 효율적인 생산과정을 이끌어내는지 볼 수 있을 것이다.

◆ 디지털 전환 시대, 그 다음은 다시 사람?

5차 산업은 기계, 디지털에 다시 인간적인 요소를 추가하는, 새롭고 흥미로운 패러다임이다. 생산라인 근무자들은 로보틱스와 같은 자동화 시스템과 함께 긴밀히 협업한다. 그리고 이는 생산과정에 더 큰 가치를 가져온다.

언뜻 보면, 인류와 로봇이 공존하는 것이 비현실적인 유토피아처럼 들릴 수 있다. 사람 팔과 비슷한 역할을 하는 로봇 팔을 예시로 들어보겠다. 역사적으로 로봇 팔은 안전상의 이유로 케이지 안에 위치한 경우가 대부분이었다. 늘 고립돼 있고, 사람으로부터 멀리 떨어져 있었다. 하지만 사람과 협업하는 로봇 '코봇(collaborative robots, Cobots)'의 개념과 함께, 사람 친화적인 로봇도 등장하고 있다. 케이지와 같은 역할을 했던 사람과 기계 간 장벽이 코봇으로 허물어진 것이다.

코봇은 센서와 비전 기술 면에서 더욱 발전됐으며, 빠르게 설치하고 이용할 수 있다. 움직임이 있는 곳에도 적용할 수 있으며, 무엇보다 안전하다. 이와 같은 이유로 코봇은 공장 내 각각 다른 영역에 배치되고, 더 넓은 범위의 생산라인에서 활동을 수행해 나갈 것이다.

♦ 처음 코봇이 적용될 분야는 자동차

5차 산업혁명이 일어나게 된다면, 여러 산업분야 중 자동차 산업에 먼저 적용될 것으로 예상된다. 먼저 코봇은 자동차 생산라인에서 사람과 함께 부품을 잡고 배치하는 일을 수행할 것이다. 이후 차체 표면 광택, 접합, 품질 점검, 그리고 이를 테스트하는 과정에도 함께 하면서 자동차 생산의 처음과 끝을 함께할 것이다.

코봇을 사용하면 기존에 비해 더 수월하게 복잡하고 정교한 문제를 해결할 수 있다. 그 예시로 산업조직 HMK 로보틱스는 PCB(Printed Circuit Board)의 작은 부품을 조립하기 위해 코봇을 사용한다. 이를 통해 생산된 기기는 소형화, 경량화와 이동성 면에서 기존에 비해 우수하다. 기기의 소형화 · 이동성 확보가 업계 트렌드가 되면서, 코봇은 각 업체들이 이를 잘 따라갈 수 있도록 지원한다.

♦ 5차 산업이 필수적인 이유, '유연성'

앞으로도 코봇의 적용범위가 넓어질 것은 자명한 사실이다. 그리고 기존의 로봇 팔과 비교했을 때, 코봇은 가격 면에서도 효율적이기에 여러 분야의 회사, 특히 중소기업에 적용될 것이다. 또한, 코봇의 이용이 증가한다는 것은 생산라인에서 사람의 역할이 여전히 필요하다는 것을 방증한다.

사실, 5차 산업은 더 넓은 콘셉트이며, 앞으로 더 많은 곳에서 5차 산업혁명이 일어날 것이다. 5차 산업은 일관성과 반복성만 강조했던 기존의 로봇공학의 한계를 넘어 사람의 고급 인지능력과 결합해 기술적 도약을 이끌 전망이다. 사람과 기계의 파트너십을 기반으로 한 생산은 효율적이고 스마트할 것이며, 그 핵심에는 유연성이 자리 잡고 있다. 결국, 5차 산업혁명은 사람이면 사람, 기계면 기계로 이분했던 기존의 개념에서 벗어난 새로운 패러다임을 통해 제조업의 새로운 바람을 예고한다. 기존의 경쟁 구도에서 벗어나, 이제는 사람과 협업할 수 있는 '사람 중심 솔루션'이 자리 잡을 전망이다. 그리고 시간이 지나, 기계와 사람의 긴밀한 협업은 여러 산업분야에서 새로운 혁신적인 길을 안내할 것이다.

출처: 테크월드, 2020.05.11(http://www.epnc.co.kr/)

5. 사회, 경제, 문화, 환경과 5차 산업혁명

　전 세계적으로 인류는 인구증가에 따른 식량난과 고령화문제, 자원, 공해와 기후변화로 인한 환경문제 등 당면과제를 해결하기 위해 노력하고 있다.

　과거 영국의 경제학자 맬서스(Thomas Robert Malthus)[12]는 그의 저서 『인구론』(1798)에서 제한된 농지면적에서 인구의 증가에 비해 부족한 식량 생산 때문에 멸망할 것이라고 하였으나, 독일인 프리츠 하버[13]가 대기 중 질소를 가지고 암모니아를 합성하는 방법(하버법)을 1909년에 개발하여 1918년에 노벨화학상을 받았으며 화학비료를 대량생산할 수 있게 함으로써, 식량 생산에 기여하게 되었고 인류가 기아에서 벗어나는 데 큰 공헌을 했다.

| 그림 4-7 | **프리츠 하버의 초상으로 발간된 우표와 그가 수상한 노벨화학상**

출처: 위키피디아

　전기의 발견과 전구의 발명은 어두운 밤을 밝혀 야간에도 활동이 가능하게 하였다. 라이트형제의 비행기 발명은 시간과 공간의 제약으로부터 자유를 선사하였고, 인터넷의 발

12　토머스 로버트 맬서스(Thomas Robert Malthus, 1766~1834)는 영국의 성직자이며, 인구통계학자이자 정치경제학자
13　프리츠 야코프 하버(Fritz Jakob Haber, 1868~1934)는 유대인 출신 독일의 화학자

명은 메타공간에서 정보의 상호작용을 입체적으로 가능하도록 하였다. 이처럼 산업혁명기의 기술혁명은 인류의 역사에서 중요한 원동력이 되는 원천의 발견으로 인간의 삶의 질을 향상시켜 왔고 오늘날에 이르렀다.

1) 환경

기술혁명은 인간의 삶의 질 향상과 풍요로운 삶을 가져오게 하는 반면 1차 산업혁명으로부터 대량생산을 위해 증기기관과 같은 기계를 사용하게 되면서 연료로 석탄을 사용하여 공해를 유발하기 시작했다. 뒤를 이어 2차, 3차 산업부터는 전기를 사용하게 되었고 화석연료의 사용과 원전 사고 등은 생태계를 파괴하고 지구 온난화[14]를 가속시키는 것으로 알려져 왔다.

우리가 친환경이라고 생각하는 전기도 알고 보면 이산화탄소 발생률이 높다. 전기를 생산하는 데 사용하는 주원료의 85%가 화석연료이기 때문이다. 전기 생산과정에서 배출되는 온실가스의 양은 1년에 무려 138억 톤이며, 이것은 전체 배출량 510억 톤의 약 27%를 차지하는 상당한 양이다.

---

14 지구온난화(global warming)는 좁은 의미로는 인간 활동으로 인해 19세기 말부터 지구의 평균기온이 상승하는 현상을, 넓은 의미로는 지구의 기온이 어떠한 이유에서든 평균 이상으로 증가하는 현상을 뜻한다.(나무위키)

| 그림 4-8 | 50년 전 기온과 현재의 기온 비교(1956~1976년 평균기온 대비 2011~2021년 평균기온)

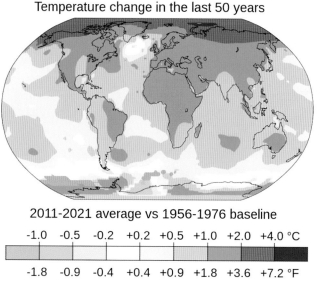

출처: 위키피디아, NASA Scientific Visualization Studio

4차 산업혁명 기간에 들어서면서 에너지의 사용은 필연적이며 인류의 문제를 해결하기 위한 시도가 이루어지고 있다. 제5차 산업혁명기로 접어들며 에너지 공급의 무탄소화와 환경파괴를 최소화하고 삶을 향상시키는 방법에 대한 연구·개발은 5차 산업혁명에서 꼭 가져가야 할 목표이다.

전 세계는 매년 심각한 물 부족현상을 겪고 있다. 지구상의 물은 0.014%만이 마실 수 있는 물로 97%는 바닷물, 3% 미만은 물로 전환이 어렵다.(빙산, 얼음) 지구상에서 우리가 사용할 수 있는 담수는 지구 전체 물의 약 1%이다.[15]

물은 인간에게 없어서는 안 될 물질이다. 인체의 약 70%(유아와 성년의 수분함률은 다름)가 물로 이루어져 있으며 체내 50%의 물을 잃으면 살 수 없다. 반면 물을 필요로 하는 인구는 매년 증가한다. 앞으로 30년 후에는 100억이 넘는 인구가 살게 될지도 모른다. 그렇다

---

15 United Nations Development Programme(2022), TOWARDS 2021/2022 HDR

면 그에 따른 물이 더 부족해질 것은 자명한 사실이다.

수직 곡물 사료 생산 농장(vertical farming technology)을 운영 중인 그로브(Grōv)[16]에 따르면 스마트팜의 기술은 기존 농업용수의 5%만 가지고도 농작물을 재배할 수 있다고 한다. 전 세계 물 중 약 70%는 농업용수로 사용된다는 것을 감안할 때 물 사용을 획기적으로 개선할 수 있는 하나의 출구가 생기는 것으로 판단된다. 아울러 스마트팜의 기술은 생산성을 증가시키고 있다. 그로브의 수직 농장에서는 18평의 면적이 일반 농장 12만 평의 농장에서 생산되는 생산량과 맞먹는 효율을 낸다고 한다.[17]

| 그림 4-9 | **GROV의 수직농장**

출처: GROV 홈페이지(www.grovtech.com)

식품산업에 있어 농산물과 축산물의 생산은 소비자들의 주요 상품이다. 소(beef)가 먹는 사료를 매주 일 년에 52번 신선하게 재배 및 공급하여 생산한 쇠고기는 품질 면에서도 영양성분(오메가3 등의 불포화지방산)의 분포가 더 긍정적인 것으로 조사되었다.[18]

---

16 www.grovtech.com
17 2019 스프링 웨이크업 PA, "5차 산업혁명, 그로비브(Groviv)" www.youtube.com/watch?v=bTE2TEKL1Oc
18 Grovtech.com(2022), Olympus Tower Farm & HDN Superfeed Science, WHITE PAPER

2) 고용 창출

발전하는 의학기술과 신약개발로 인류는 어느 때보다 기대수명이 증가하는 추세이다. 그러나 반면 고령인구의 증가로 생산인력이 부족하며 저출산 문제, 고용창출 문제 등의 사회문제가 일어나고 있다.

일각에서는 4차 산업혁명이 일자리를 없앤다고 생각하는 경향도 있다. 앞으로 4차 산업의 핵심기술로 인해 사라지는 일자리들이 그 예이다.

역사적으로 영국에서 일어난 러다이트(Luddite)운동[19]과 같은 산업혁명에 의한 사회변화를 반대하는 사례들도 있었으며 일시적으로 피해를 보는 사람들이 많았던 것도 사실이다.

그러나 우려와 달리 산업혁명은 삶의 질을 높여주고 새로운 일자리를 창출하며 인간이 보다 수준 높은 일을 할 수 있게 해왔다. 소나 말을 이용하여 사람이 밭을 경작하던 시대에서 기계가 그 일을 대신하게 되며 가축은 주로 식량을 목적으로 키우게 되었다.

인력으로 밭을 매던 것을 트랙터가 대신하게 되어 보다 적은 노력으로 많은 수확을 얻게 되었던 것처럼 앞으로 산업혁명으로 인해 사라지는 직업도 많겠으나 새롭게 생겨나는 직업 또한 증가할 것이다. 이런 미래의 변화에 대해 개개인의 변화도 수반되어야 앞으로의 미래를 영위할 수 있을 것이다.

---

19 러다이트(Luddite) 운동은 19세기 초반 영국에서 있었던 사회운동으로 섬유기계를 파괴한 급진파부터 시작되어 1811년에서 1816년까지 계속된 지역적 폭동으로 절정에 달했으며, 시간이 지나면서 이 용어는 일반적으로 산업화, 자동화, 컴퓨터화 또는 신기술에 반대하는 사람을 의미하게 되었다.(위키백과)

| 그림 4-10 | 인도의 밭 가는 농부(2006): 가축과 인력을 이용한 경작방법은 늘어나는 인구를 감당하기에 부족하였다. 산업혁명은 인력을 대체하여 기계를 사용한 대량생산이 가능하게 함으로써 인류가 기근에서 벗어날 수 있는 계기를 마련하였다.

출처: 위키피디아, Ananth BS

| 그림 4-11 | 1970년대에 진행된 농업 기계화로 당시 도시로 빠져나가던 농촌인력을 기계로 대체하고, 농업 생산성을 대폭 증가시킬 수 있었다. 농촌의 식량 생산량을 대폭 확대시킬 수 있었고, 우리나라의 주곡인 쌀의 자급을 달성해 냈다.

3) 교육

4차 산업혁명의 특징과 사회적 영향은 초연결성, 초지능성, 초공간성 등의 특징을 가진다. 이러한 특성으로 인해 4차 산업혁명 시기의 사회는 인간의 삶의 방식, 정치와 권력의 변화, 경제구조 등 다양한 변화를 겪고 있다.

교육의 내용 역시 백과사전 수준의 암기와 수학연산 능력이 주가 되는 기존의 교육방식의 차원에서 한 차원 높은 교육이 이루어져야 할 것이다. 이미 이러한 내용은 누구나 들고 다니는 스마트폰에서 처리가 가능한 내용들이기 때문이다.

5차 산업혁명은 기존 교육방식에 비해 1/10 이하의 노력과 비용으로 수배의 교육효과를 가져오게 한다고 한다. 우리가 최근 경험하고 있는 코로나사태는 이런 교육방법의 개발에 속도를 내게 하고 있으며 이미 교육을 받은 사람이라면 충분한 학습을 경험하였다.

교육을 진행하는 기술적 측면에서 예를 들자면 메타버스(metaverse)[20]에서 이루어지는 이벤트와 수업 등을 들 수 있다. 이미 여러 대학에서 코로나 기간 사이버 공간에서 아바타(avatar)[21]를 이용한 상호교류를 체험하게 하였으며 학교에 가지 않고도 캠퍼스 내부에 있는 것 같은 경험을 하게 하였다.

---

20 메타버스 또는 확장가상세계는 가상, 초월을 의미하는 '메타'와 세계, 우주를 의미하는 '유니버스'를 합성한 신조어다. '가상 우주'라고 번역하기도 했다. 1992년에 출간한 닐 스티븐슨의 소설 『스노 크래시』에서 가장 먼저 사용했다. (위키백과)

21 아바타(avatar)는 컴퓨터 사용자 스스로를 묘사한 것으로 컴퓨터 게임에서는 2/3차원 모형 형태로 인터넷 포럼과 기타 커뮤니티에서는 2차원 아이콘(그림)으로, 머드 게임과 같은 초기 시스템에서는 문자열 구조로 쓰인다. 다시 말해, 사용자가 스스로의 모습을 부여한 물체라고 할 수 있다. (위키백과)

| 그림 4-12 | 순천향대 메타버스 입학식 유튜브 영상 캡처

출처: 전자신문(www.etnews.com), 2021.9.30, "메타버스에 올라타는 대학…"

4) 바이오(Bio)산업

바이오산업은 생명공학기술(Biotechnology, BT)을 기반으로 생물의 기능과 정보를 활용하여 다양한 부가가치를 생산하는 산업이다.[22] 국어사전에서 바이오산업은 "유전자의 재조합이나 세포 융합, 핵 이식 따위의 생명 공학을 이용하여 새로운 약품 및 품종, 경제성이 있는 물질 따위를 개발하는 산업"을 말한다.[23]

바이오산업은 또한 제품에 국한되지 않고 기술적용 대상에 따라 구분되는 기술 융합적 산업의 특징을 가지고 있으며 아울러 산업의 범위도 국가별로 상이하며 명확하게 정의되지 않았다.

생명공학기술(BT)을 통해 우리는 맥주의 발효과정에 저온 살균방법을 적용하여 오늘날

---

22 바이오타임즈(www.biotimes.co.kr)
23 표준국어대사전

우리가 즐겨 마시는 맥주를 장기보존할 수 있게 되었고, 곰팡이로부터 항생제인 페니실린을 추출하여 미생물에 의한 질병으로부터 인류를 구할 수 있게 되었으며 인간의 수명을 획기적으로 연장시켰다.

아직 부정적 인식[24]을 가지고 있는 GMO(Genetically Modified Organism) 유전자 변형작물 역시 작물의 대량생산을 가능케 했으며, 식물에서 추출한 에탄올을 대체연료로 개발하는 단계에까지 이르렀다.

| 그림 4-13 | 페니실린을 발견한 알렉산더 플레밍(Alexander Fleming: 1881~1955, 영국)과 페니실린을 "기적의 치료제"로 선전하는 광고

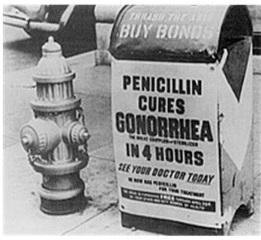

출처: 위키피디아

이처럼 생명공학기술(BT)은 의료분야, 농업생산, 제품(생분해성 플라스틱, 식물성 기름, 바이오 연료) 용도 및 환경 용도를 포함한 4가지 주요 산업분야에서 응용되고 있다.

---

24 우리는 보통 '유전자변형식품', 'GMO' 등의 단어를 떠올리면 '안전하지 못한 식품'이라며 부정적으로 인식한다. 그러나 한편에서는 유전자변형식품이 유해하지 않다는 주장을 펼치고 있다. 과학계 최고 권위를 자랑하는 미국 국립과학아카데미(NAS)는 2016년 "80여 명의 전문가가 900여 건의 학술 결과를 검토한 결과, GMO가 인체 건강에 영향을 준다는 과학적 근거가 없다"고 발표했다. 또한, 노벨상 수상자 107명이 GMO 반대 운동을 펼쳐 온 국제환경단체 그린피스에 캠페인 중단을 촉구하는 성명에 동참하기도 했다. 그럼에도 아직까지 안정성 부분에 대한 논란은 계속되고 있다.(네이버포스트, 2019.02.12, 데일리라이프)

미국의 에너지부(The United States Department of Energy, DOE)는 석유의 대체연료로 에탄올을 사용함으로써 2030년까지 미국 석유에서 파생된 연료 소비를 최대 30%까지 줄일 수 있는 방안을 추진 중이며, 독일은 「National Research Strategy Bioeconomy 2030」에서 세계 식량문제, 기후변동, 환경문제에 대응하기 위한 바이오 및 에너지 전략을 입안하였다. 유럽은 「Innovation for Sustainable Growth: A Bioeconomy for Europe」을 통해 2030년까지 석유 유래 제품의 30%, 수송용 연료의 25%를 대체하기 위한 투자를 하는 등 전 세계는 인류가 공통적으로 처한 문제(인구 증가, 식량 및 자원, 빈곤, 환경 등의 문제)에 대응하는 혁신기술을 실현하기 위한 장기적인 개발 목표와 경제 전략을 수립하고 있다.

가까운 일본의 경우 일본 경제산업성산업구조심의회는 2016년 바이오소위원회를 설치하고 바이오 기술을 중심으로 포스트 4차 산업혁명으로 5차 산업혁명이 일어날 가능성을 제기한 바 있다.

| 그림 4-14 | **바이오기술 활용**[25]

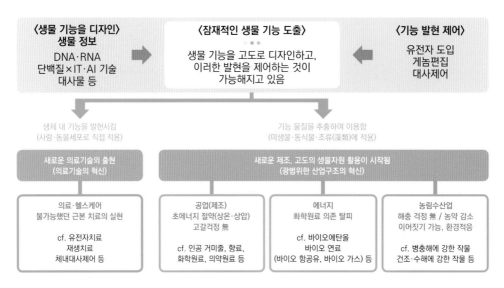

원문출처: 経済産業省(2016), "バイオテクノロジーが生み出す新たな潮流", p. 7.

---

25 이예원(2018), 바이오 기술 주도의 5차 산업혁명을 준비하는 일본의 전략, 과학기술정책연구원

[바이오산업 이해하기] 국내·해외의 바이오산업 정의 및 분류

바이오산업은 생명공학기술

바이오산업(Biotechnology, BT)을 기반으로 생물의 기능과 정보를 활용하여 다양한 부가가치를 생산하는 산업이다.

응용분야가 다양한 특성 때문에 바이오산업은 제품에 따라 분류되지 않고 기반 기술의 적용 대상에 따라 구분되어 바이오가 일부분 융합된 다른 산업까지 통틀어 총칭한다. 때문에 해당 산업의 범위는 국가별로 상이하며, 명확하게 정의된 바가 없다. 바이오산업은 전문인력을 필요로 하는 기술집약적 지식기반 산업으로, 바이오기업의 연구개발(R&D) 역량이 중요하다. 또한 기초기술의 의존도가 높아 산학연의 협력체계 및 데이터의 체계적 관리를 요구한다.

기술에 비해 자원에 대한 의존도가 적어 제한된 환경적 특성을 가진 나라에도 적합한 사업이다. 바이오산업은 고위험 고수익(high-risk high-return)사업으로, 사업 개발에서 필요로 하는 투자금액이 높고 회수기간이 길어 장기투자가 필수적이다.

성공 시 높은 수익이 보장되지만, 성공까지 이어질 확률이 적다. 특히, 제약산업이 바이오산업 중 이러한 특징을 가장 두드러지게 나타내는데, 평균적으로 15년의 장기간과 최소 1000억 원의 개발비용이 투자됨에도 불구하고 5천에서 1만 개에 다다르는 신약 후보물질 중 최종 승인을 통과하는 약물은 하나에 달할 정도이다.

가장 중요한 특징은 앞서 말했듯이 이종기술과 융합이 이루어지는 집적화 산업이라는 점이다. 대표적인 바이오 융합사업으로는 유전자 치료 합성생물학(유전자분석+공학), 정밀의료 디지털 헬스케어(의료정보+빅데이터), 바이오에너지 및 바이오소재(바이오기술+에너지 소재), 약물전달 바이오 나노로봇(바이오테크놀로지+나노테크놀로지), BMI(Brain-Machine Interface) 바이오닉스(뇌과학+기계공학)이 있다.

산업통상자원부에 따른 국내 바이오산업의 정의 및 분류

국내에서 바이오산업은 산업통상자원부에 따라서 '생명공학기술을 연구개발, 제조, 생산, 서비스 단계에 이용하는 기업'으로 규정되며, 한국바이오협회는 바이오산업을 '바이오기술(biotechnology)을 바탕으로 생물체의 기능 및 정보를 활용하여 제품 및 서비스 등 다양한 고부가가치를 생산하는 산업'이라고 정의 내리고 있다. 또한 2008년 1월 31일부터 국가기술표준원이 제정한 '바이오산업 분류체계(KSJ 1009)에 따라 바이오산업을 8개의 대분류로 코드화하여 사용 중이다. 2016년 12월 29일 생명공학기술 및 바이오제품의 급속한 변화를 반영하여 다음과 같이 8개의 대분류와 51개의 중분류로 바이오산업 분류체계가 개정되었다.

분류 코드	분류명	영문명	분류 코드	분류명	영문명
1	바이오의약산업	Biophamaceutical Industry	4030	환경처리, 자원재활용 제제 및 시스템	Bioenvironmental agents and systems for treatment and recycle
1010	바이오항생제	Bio-antibiotics	4040	환경오염 측정기구 및 진단, 서비스	Measuring apparatus and service for environmental pollution and assessment
1020	바이오저분자량의약품	Biologically manufactured low molecular medicine	4000	기타 바이오환경제품 및 서비스	Other bioenvironmental products and services
1030	백신	Vaccines	5	바이오의료기기산업	Biomedical Equipment Industry
1040	호르몬제	Hormones	5010	바이오센서	Biosensors
1050	치료용항체 및 사이토카인 제제	Therapeutic antibodies and cytokines	5020	체외진단	In-vitro diagnostics
1060	혈액제제	Blood products	5030	바이오센서/마커 장착 의료기기	Madical devices using biosensors and/or biomarkers
1070	세포기반치료제	Cell-based therapeutics	5000	기타 바이오의료기기	Other biomedical equipment
1080	유전자의약품	Gene therapeutics	6	바이오장비 및 기기산업	Bioinstrument and Bioequipment Industry
1090	바이오진단의약품	Biological diagnostic proucts	6010	유전자/단백질/펩타이드 분석·합성·생산 기기	Gene/protein/peptide analysis, synthesis and manufacturing instruments
1100	효소 및 생균의약품	Enzyme and live bacteria medicine	6020	세포 분석·배양 장비	Cell analysis and cultivation equipments
1110	바이오소재 의약품	Biomaterial-based medicine	6030	다기능 및 기타 분석기기	Multi-functional and other bioanalysis instruments
1120	동물용 바이오의약품	Veterinary biopharmaceuticals	6040	연구 및 생산장비	R&D and manufacturing equipments
1000	기타 바이오의약품	Other veterinary biopharmaceuticals	6050	공정용 부품	Bioprocess equipment parts
2	바이오화학-에너지산업	Biochemical and Bioenergy Industry	6000	기타 바이오장비 및 기기	Other bioinstruments and bioequipments
2010	바이오고분자제품	Biopolymers	7	바이오자원산업	Bioresource Industry
2020	산업용 효소 및 시약류	Industrial enzymes and reagents	7010	종자 및 묘목	Seeds and seedllings
2030	연구·실험용 효소 및 시약류	Enzymes and reagents for research	7020	유전자변형 생물체	Gentically Modified Organsims for use as food, feed or processing
2040	바이오화장품 및 생활화학제품	Biocosmetics and home & personal care chemicals	7030	실험동물	Laboratory animals
2050	바이오농약 및 비료	Biological agrochemicals and fertilizers	7000	기타바이오자원	Other bioresources
2060	바이오연료	Biofuel	8	바이오서비스산업	Bioservice Industry
2000	기타 바이오화학제품	Other biochemicals and bioenergy	8010	바이오 위탁 생산·대행서비스	Bio consignment production & procuration services
3	바이오식품산업	Biofood Industry	8020	바이오 분석·진단 서비스	Bio diagnostic and analytical service
3010	건강기능식품	Functional health foods	8030	임상·비임상 연구개발 서비스	R&D services
3020	식품용 미생물 및 효소	Food-grade microorganism & enzymes	8040	기타 연구개발 서비스	Other R&D services
3030	식품첨가물	Food additives	8050	가공 및 처리·보관 서비스	Processing treatment & warehousing services
3040	발효식품	Fermented foods	8000	기타 바이오서비스업	Other bioservices
3050	사료첨가제	Feed additives			
3000	기타 바이오식품	Other biofoods			
4	바이오환경산업	Bioenvironmental Industry			
4010	환경처리용 생물제제 및 시스템	Biological treatment agents and systems			
4020	생물 고정화 소재 및 설비	Materials and equipments for bio immboilization			

출처 : 바이오타임즈(http://www.biotimes.co.kr)

전 세계는 5차 산업혁명 기술에 의해서 완벽한 바이오경제시대로 발전할 것으로 조심스레 전망한다. 바이오산업 분야의 기술혁신은 인류의 어려움을 해결하고 삶의 질 향상과 풍요로운 삶을 만들어줄 수 있는 중요한 기술 중 한 분야가 될 것으로 전망된다.

우리나라는 바이오 기술 기반의 다양한 기술 개발이 이뤄지고 있는데 가장 큰 시장은 식품첨가물과 건강기능식품시장이다. 경북바이오산업연구원에 따르면 2020년 기준 우리나라 건강기능식품 제조업체 수는 521개소이고 최근 5년간(2015~2019) 지속적으로 증가하고 있으며 최근 5년간(2015~2019) 연평균 성장률 12.8%로 성장 중이다. 다만, 연매출액 10억 원 미만 소규모 업체 비율이 70% 정도를 차지한다.

| 그림 4-15 | **바이오식품산업 현황**

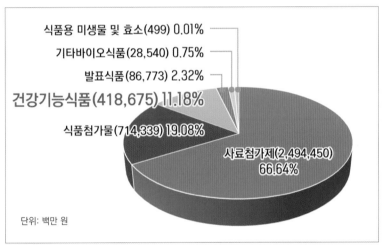

출처: 경북바이오산업연구원(http://gib.re.kr/major/major3)

건강기능식품보다 한 차원 높인 바이오산업 진출 사례로 우리나라 주요 식품회사들은 바이오시장에 진출하고 있다. 고령화, 환경문제, 코로나19와 같은 팬데믹 등이 사회적인 문제로 부상되며 바이오산업의 중요성이 높아졌기 때문이다. 기존의 식품영역과는 생소한 분야에서 새로운 도전을 꾀하고 있다. 대표적인 곳은 CJ제일제당, 대상, 오리온 등이다.

| 그림 4-16 | 식품업체는 왜 '바이오'를 탐하나

■ 바이오시장 진출하는 식품업체들

구분	투자	신사업
CJ제일제당	바이오기업 천랩 인수	마이크로바이옴 기반 치료제 개발
	바타비아 바이오사이언스 지분(76%) 인수	세포·유전자치료제 CDMO
	HDC현대EP와 합작법인 설립 예정	바이오플라스틱 생산
대상	SKC·LX인터내셔널과 합작법인 설립 예정	PBAT 생산
	대상홀딩스, 대상셀진 설립	바이오의약품·단백질의약품 개발
오리온	중국 산둥루캉의약과 합작법인 설립	체외진단 분야 기술 도입
	백신기업 큐라티스와 업무협약	결핵백신 기술 도입
	암 체외진단기업 지노민트리와 본계약	대장암 체외진단 기술 도입

출처: 더스쿠프(www.thescoop.co.kr/news), 2022.01.04

지금 가장 주목해야 할 마이크로바이옴 헬스케어

인체에는 약 38조 개의 미생물이 살고 있습니다. 우리 몸은 약 30조 개의 세포로 구성되어 있는데, 미생물의 수가 사람 세포보다 더 많은 거죠. 이 작은 미생물들은 구강, 비강, 피부, 장, 생식기 등에 터를 잡고 인간과 공생하고 있는데, 이를 '휴먼 마이크로바이옴*'이라고 부릅니다. 1990년대 인류는 DNA의 베일을 벗기면 모든 생명현상이나 질병의 원인을 밝혀낼 수 있을 거라고 기대했습니다. 그래서 미국을 중심으로 프랑스, 영국, 일본 등 15개국이 함께 힘을 모아 인간 유전체를 해독하기 시작했죠. 2000년대 초반 드디어 휴먼 게놈 프로젝트가 완성되었지만, 그 결과는 이해하기 힘들었습니다. 인간 유전자의 수는 고작 초파리 유전자의 수(1만 5천 개)보다 조금 더 많은 2만 개 수준이었거든요. 인간이 어떻게 이렇게 적은 수의 유전자로 초파리보다 훨씬 복잡한 형질이나 생명현상을 나타내는지 도무지 알 길이 없었죠.

그런데 인간 유전체를 분석하는 과정에서 인류는 새로운 사실을 발견하게 되었습니다. 바로 인체 내에 미생물이 상당히 많다는 사실이었죠. 또 미생물마다 역할과 기능이 모두 제각각이라는 사실도 알게 되었습니다. 이렇게 휴먼 게놈 프로젝트에 크게 실망한 인류는 2000년대 중반부터 '제2의 게놈'인 '휴먼 마이크로바이옴'에 눈을 돌리게 되었습니다.

전 세계적으로 휴먼 마이크로바이옴에 관한 연구가 활발히 진행되면서 인류는 이 작은 미생물들이 인간의 몸 가운데 '장(腸)' 속에 약 95%가 집중적으로 모여 거대한 생태계를 이루어 살아가고 있으며, 일부 유전병을 제외한 인류의 질병에 있어 마이크로바이옴의 영향력이 크다는 사실을 밝혀냈습니다. 최근 하버드 의대와 이스라엘 와이즈만 연구팀이 14가지 만성 질환의 원인에 대해 연구한 결과, 유전적 요인이 강한 제1형 당뇨를 제외한 13개 질병에서 마이크로바이옴의 영향이 유전적인 원인보다 더 크다는 연구결과가 세상에 공개되기도 했죠. 뿐만 아니라 전 세계 약 16,000편 이상의 논문을 통해 마이크로바이옴과 질병 간의 인과관계가 하나씩 밝혀지고 있습니다. 2020년 현재까지 인류가 밝혀낸 바에 따르면, 마이크로바이옴은 치매, 파킨슨, 자폐 스펙트럼, 우울증 등의 〈뇌 질환〉과 비알코올성 지방간염, 간경화 등의 〈간 질환〉, 동맥경화, 심근경색, 뇌졸증, 고혈압 등의 〈심혈관 질환〉, 제2당뇨, 비만 등의 〈대사질환〉, 과민성대장증후군, 크론병, 궤양성 대장염, 대장암 등의 〈장 질환〉, 아토피, 천식, 알레르기, 갑상선 기능 항진증, 류머티즘성 관절염 등의 〈자가면역질환〉 등에 중대한 영향을 미칩니다.

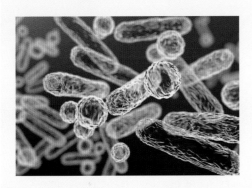

마이크로바이옴이 질병에 중요한 영향을 미친다는 것은 역으로 마이크로바이옴 헬스케어를 통해 이러한 질병의 예방 및 치료에 도움을 줄 수 있다는 것을 의미합니다. 치매, 파킨슨, 자폐 스펙트럼 장애와 같은 뇌 질환 환자들은 정상인에 비해서 장내 유해균의 비율이 높고 미생물의 다양성도 크게 떨어지는 등 장 마이크로바이옴의 균형이 깨져 있는 경향성을 보이는데, 미국 애리조나 주립대 연구에서 자폐 스펙트럼 장애 환자의 절반이 장 마이크로바이옴을 향상시킴으로써 치료에 호전을 보인 바 있습니다. 최근 서울대 연구진의 동물 실험에서 마이크로바이옴을 바꾸어 치매의 진행을 유의하게 늦추기도 했죠. 또한 면역 항암제 치료에서도 장내 미생물의 균형도가 높은 환자에게 더 좋은 효과가 나타났습니다. 균형 있는 장내 미생물 생태계를 지닌 사람은 같은 식이요법으로 다이어트를 해도 살이 더 잘 빠지기도 하죠.

DNA는 바꿀 수 없지만, 마이크로바이옴은 노력에 의해 얼마든지 바꿀 수 있습니다. 이것이 바로 오바마, 빌 게이츠를 비롯하여 전 세계가 마이크로바이옴 헬스케어에 주목하는 이유입니다.

이제 당신의 건강하고 행복한 삶을 위해 장 속 미생물들을 돌봐야 할 때입니다.

* 마이크로바이옴(microbiome) : '미생물'을 의미하는 microbe와 '생태계'를 의미하는 biome의 합성어로 '미생물 생태계'를 의미

출처: CJ바이오사이언스(www.cjbioscience.com)

01. 5차 산업혁명의 대표적인 기술 분야에는 어떤 것들이 있는가?

02. 5차 산업혁명과 4차 산업혁명의 차이점은 무엇인가? 5차 산업혁명으로 삶의 질은 어떻게 변하는가?

03. 우리나라의 5차 산업혁명의 현재는 어떠한가? 우위에 속하는가? 후발주자에 속하는가? 기술 격차는 얼마나 되는가?

04. 해외 각국의 5차 산업혁명의 기술 중 특이하다고 생각하는 점은 무엇인가?

05. 현시점에서 우리에게 가장 필요한 5차 산업혁명 기술은 무엇인가?

06. 최근 각자 경험한 5차 산업의 외식산업 적용분야의 기술은 무엇인가?

01. 5차 산업혁명이 일어나게 된 구체적인 동기와 관계 없는 것은 무엇인가?

① 4차 산업혁명의 핵심기술을 더욱 심화하기 위함

② 인간과 기계의 역할에 대한 시각과 조화의 중요성

③ 인간과 환경의 문제

④ 인간의 삶의 질 향상

02. 5차 산업혁명은 인간을 대체하는 것이 아니라 (   )하는 것을 목표로 한다. 빈칸에 들어갈 말은?

① 교체　　　　　　　② 자동화

③ 지원　　　　　　　④ 불필요

03. 외식산업 현장에서 4차 산업혁명의 기술들의 현황은 어떤 것으로 나타나고 있는가?

① 미래의 제조 복잡성을 충족하기 위해 사람과 기계가 상호 연결되어서는 안 된다.

② 노동과 생산성을 극대화시켜 주는 로봇은 서로를 이상적으로 보완하지 못한다.

③ 기계가 인간을 완벽히 대체할 수 있음을 의미하는 것으로 보인다.

④ 기계가 인간을 완벽히 대체할 수 없음을 의미하는 것으로 보인다.

04. 기술 변화의 속도를 함수적인 패턴으로 예측한 것으로 알맞게 짝지은 것은?

① 무어의 법칙(Moore's law), 80:20의 법칙

② 무어의 법칙(Moore's law), 지식 두 배 증가 곡선(Knowledge Doubling Curve)

③ 지식 두 배 증가 곡선(Knowledge Doubling Curve), 80:20의 법칙

④ 무어의 법칙(Moore's law)

05. 5차 산업혁명은 인간과 기계의 조화로운 협업 개념을 포괄하며, 사회, 기업, 근로자, 소비자 등 여러 이해관계자의 (   )에 중점을 두고 있다. 빈칸에 들어갈 말은?

① 힐링(healing)　　　② 웰빙(well-being)

③ 협력　　　　　　　④ 공존

06. 외식사업은 특성상 생산한 상품을 장기간 보관하기 어렵고 수요예측이 재고와 밀접한 관계를 맺고 있어 수요예측에 의한 계획생산이 중요하다. 이 부분과 관련된 4차 산업혁명의 핵심기술 중 가장 연관성 있는 것은 무엇인가?

① 푸드테크(foodtech)

② 빅데이터(big data)

③ IT(information technology)

④ 로봇

07. 산업혁명을 통해 에너지의 사용은 필연적이나 환경문제와 공해와 같은 인류공통의 문제에 직면했다. 이를 해결하기 위한 시도가 아닌 것은?

① 에너지 공급의 무탄소화

② 우주개발

③ 친환경 연료 개발

④ 풍력발전소의 개발

08. 역사적으로 영국에서 일어난 운동으로 산업혁명에 의한 사회변화를 반대하는 사례로 기계를 파괴하고 지역적 폭동이 발생했던 사건을 일컫는 이 운동은 무엇인가?

① 러다이트운동　　　② 청도교혁명

③ 명예혁명　　　　　④ 시민혁명

09. 다음은 무엇을 설명한 것인가?

> 확장 가상세계는 가상, 초월을 의미하는 말과 우주를 의미하는 단어를 합성한 신조어다. '가상 우주'라고 번역하기도 했다. 1992년 출간한 닐 스티븐슨의 소설 '스노 크래시'에서 가장 먼저 사용했다.

① 메타버스　　　　　　　　② 로봇
③ 코스모스　　　　　　　　④ AI

10. 바이오산업은 (　　　　)을(를) 기반으로 생물의 기능과 정보를 활용하여 다양한 부가 가치를 생산하는 산업이다. 빈칸에 들어갈 적합한 말은?

① 생명공학기술　　　　　　② ICT
③ 핀테크　　　　　　　　　④ 로봇

11. 다음 중 우리나라 바이오 기술 기반의 가장 큰 시장으로 짝지어진 것은?

① 식품첨가물과 미생물 및 효모
② 발효식품과 건강기능식품
③ 식품첨가물과 발효식품
④ 식품첨가물과 건강기능식품

12. 우리나라 주요 식품회사들이 바이오시장에 진출하는 이유가 아닌 것은?

① 고령화　　　　　　　　② 환경문제
③ 고용확대 및 취업난 극복　④ 팬데믹과 같은 사회적 문제

13. 생명공학기술(BT)의 주요 진출 산업분야가 아닌 것은?

  ① 교육 　　　　　　　② 의료

  ③ 농업 　　　　　　　④ 환경

14. 다음 중 물부족과 식량난을 해결할 대안으로 떠오르는 기술은?

  ① 스마트시티 　　　　② 스마트팜

  ③ 유전자조작 농산물 　④ 스마트 팩토리

15. 다음 중 1차 산업혁명부터 현재까지 산업혁명의 기술기반 동력이 되어왔던 것과 거리가 먼 것은?

  ① 우주개발기술 　　　② 증기기관

  ③ 전기의 발명 　　　　④ 화석연료

마치며

1. 세대(generation)가 경험하는 산업혁명

1) 세대와 산업혁명의 경험

세대(generation)의 개념을 사회과학에서는 종종 코호트(cohort)의 개념으로 사용되기도 한다. 코호트란 특정 기간에 동일한 역사적·문화적 경험을 한 집단을 일컫는 용어로 사용된다. 현재 세대들은 산업혁명의 산물인 기술변화를 통한 급변하는 사회경험을 하는 코호트(cohort)[1]이며, 앞으로 다가올 5차, 6차 이상의 산업혁명을 경험하게 될 것이다. 연령 즉 세대에 따른 소비행동의 차이를 이해하는 것이 중요한 이유는 특정 연령별로 경제/문화적 경험이 다른 코호트이며 사회의 주도세대들이 소비와 문화를 이끄는 경향이 있기 때문이다.[2]

세대를 지칭하는 용어는 최근 세대를 중심으로 정의하자면 알파벳의 머리글자를 딴 60년대 출생자부터 X로 시작하여 현재(2022)의 주역으로 떠오르는 Z까지 세대를 정의하였다. 지금 성인이 되어 직장에 들어가 사회 주류에 합류하기 시작한 신흥세대는 Z세대이다. 우리나라에서는 사회적으로 MZ이라는 신조어를 만들어 세대를 지칭하고 있다. 이 세대는 전 세계 인구의 약 35%를 차지하는 가장 큰 세대이며 전 세계적으로 거의 20억 명을 차지하고 있다. 디지털 원주민의 특징답게 디지털 장치를 통해 연결되고 소셜 미디어를 통해 참여하는 최초의 완전한 글로벌 세대이다.[3]

---

1 김진성(12013), Y세대 종사원의 직무만족과 자아존중감에 대한 연구: 허즈버그의 동기·위생이론을 중심으로, 경기대 박사학위논문
2 이병걸(2015), 가구특성변수가 외식소비 참여결정에 미치는 영향, 경기대학교 관광종합연구소
3 Z 세대 보고서, 크리테오 쇼퍼 스토리 연구 결과

출처: www.criteo.com

⚙ 밀레니얼 세대의 특징

◈ 밀레니얼 세대: 일반적으로 1981~1996년 사이의 세대

◈ 전기 밀레니얼(1981~1988년), 후기 밀레니얼(1989~1996년)로 구분하기도 함

◈ 최초의 글로벌 세대로 디지털 원주민(digital native)[4]이라 칭하기도 함

◈ MZ세대는 밀레니얼 세대와 Z세대를 통틀어 지칭하는 대한민국의 신조어임

|그림 1| **서방세계의 세대 구분**

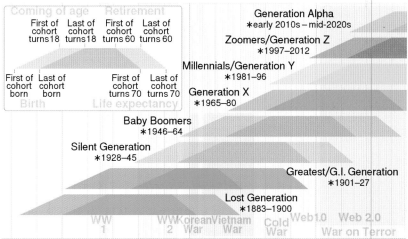

---

4 인터넷 시대에 성장하여 인터넷, 모바일, SNS에 익숙한 세대(www.criteo.com)

세대들이 경험하는 산업혁명 기술과 사회변화는 그 변화속도가 빨라 미처 경험하거나 학습하지 못할 정도이다. 디지털문맹[5]이라는 신조어가 나올 정도로 변화속도는 매우 빠르다. 특히 장년층으로 갈수록 디지털 정보를 활용하는 활용률이 낮다.

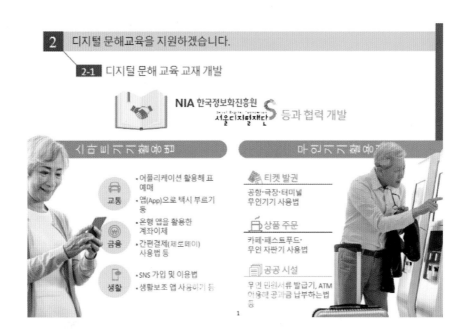

우리나라에서는 한국지능정보사회진흥원[6]과 서울디지털재단 등이 협업하여 디지털 정보 활용 취약층을 위한 교육계획을 수행하고 있으며 서울시의 경우 '성인문해교육 활성화 4개년(2019~2022년)계획'을 수립하여 수행 중이다. 과학기술정보통신부와 한국정보화진흥원에 따르면 4대 정보 취약계층(장애인 · 저소득층 · 농어민 · 장노년층)의 디지털 정보화 수준은 평균 대비 68.9%이며 장노년층(63.1%)이 가장 낮다고 한다. 모바일뱅킹 이용률을 예로 들어 비교했을 때 60대 이상은 13.1%의 이용률을 보여, 30대(89.3%), 40대(76.9%)에 비해

---

5 디지털기기의 활용에 익숙하지 못함을 뜻함

6 국민정보화교육 포털사이트는 과학기술정보통신부와 한국지능정보사회진흥원(www.itstudy.or.kr)이 실시하는 모든 국민정보화교육 사업에 대한 정보를 통합하여 제공하며, 각종 서비스를 온라인 신청할 수 있는 사이트이다.(한국진흥정보사회진흥원 홈페이지: www.itstudy.or.kr)

크게 못 미치는 수준이다.[7]

대한민국 정책브리핑 기사에 따르면 2021년 우리나라 전체 인구 중 50대 비중이 가장 높으며 평균연령은 43.4세라고 한다.[8] 아울러 10년 후에는 50대 이상의 인구가 절반 이상이 되는 고령사회로 진입할 것이며 2명 중 1명이 디지털 정보를 활용하는 데 어려움을 겪는다면 아무리 기술이 발전하여도 인구대비 활용도가 극히 낮아질 수밖에 없기 때문에 기술의 발전과 그에 따르는 학습이 중요하다고 하겠다.

2) 현세대의 산업혁명기술 경험과 특징

Z세대는 '연결된 세대' 또는 '닷컴 키즈'라고도 불리며 2명 중 1명은 단일 학위를 취득할 것으로 예상하고 있다.

앞으로 2025년까지 노동력의 27%를 차지할 것으로 전망되는 이 세대는 평생 6개 직업에 걸쳐 18개 직업을 갖고 15개 집에서 살 것으로 예상되며 현재 전 세계적으로 'Fam', 'FOMO', 'YOLO'와 같은 속어를 사용하는 20억 명의 Z세대가 있다.

그림에서 보이는 것처럼 세대들이 경험하는 기술은 그 변화의 속도가 빠르다.

워크맨(1979)에서 아이포드(2001)까지 20년 남짓 걸렸다면 스포티파이(spotify)[9]는 7년밖에 걸리지 않았다. 현재는 더 빨리 변화하고 있다.

Z세대는 21세기에 세대로서 정의되었으며 디지털 장치를 통해 메타버스의 세계로 연결되고 소셜 미디어를 통해 참여하는 최초의 완전한 글로벌 세대이다.

---

7 이데일리, 2019-06-19 기사, 서울시, 어르신 '디지털 문맹' 교육 나선다.
8 대한민국 정책브리핑(www.korea.kr), 2021.07.06, 행정안전부
9 2006년에 설립된 스웨덴의 음악 스트리밍 및 미디어 서비스 제공업체

| 그림 2 | Generation Alpha Infographic 2021

출처: www.generationalpha.com

3) 알파세대(generation alpha)

알파세대에 대한 미래적 고찰은 앞으로 이 책을 읽는 분들께 맡긴다.

아직 다가오지 않은 미래를 전망하는 것은 어려운 일이다. 이에 따른 다양한 정보를 종합하여 학문적으로 이론화하거나 결론을 내릴 수도 없는 일이다. 신문기사처럼 어제 다르고 오늘 다른 내용으로 혼선을 줄 수 있어서이다.

매주 전 세계에서 280만 명의 알파세대가 태어나고 있다. 2030년경 전 세계 인구는 90억에 육박할 것이고 60세 이상의 인구는 지금보다 더 증가할 것이다.[10] 이들이 경험하는 산업혁명과 변화는 지금보다 더 신기하고 편리하며 삶의 질을 향상시키는 변화로써 미래를 그려보았으면 하는 바이다.

앞으로 10년, 20년, 30년 후 인간의 삶은 어떻게 변화될 것인가?

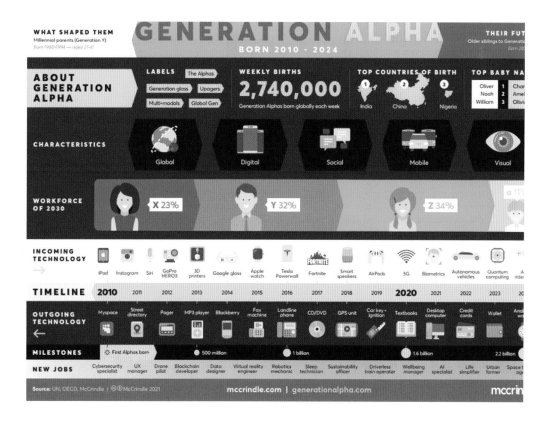

10 McCrindle Research(2022)

강 의 명 : 4차 산업혁명과 외식산업	
일 시	
교육목적	4차 산업혁명의 의미를 이해하고 외식산업에 미치는 영향 탐구
교 수 명	
교 재	4차 산업혁명, 외식산업 그리고 5차 산업혁명

강의계획표		
차수	강의내용	강의날짜
1	산업혁명 이전의 외식을 개괄하고 산업혁명(1, 2, 3차)기의 외식산업을 논하기 전 단계로 산업혁명이 초래한 인류 문명/문화사적인 변화를 이해한다.	
2	각 산업혁명기를 규정지을 수 있는 핵심 키워드를 이해하고 이를 통해 각 산업혁명기에 외식산업이 어떻게 변화 발전되어 왔는지, 주요 성과는 무엇인지를 이해한다.	
3	주요 외식 산업국의 외식산업 발전과정을 이해한다.	
4	4차 산업혁명이 이전의 산업혁명과의 차이는 무엇인지 이해하고 그 개념과 특징 그리고 4차 산업혁명의 핵심 키워드 및 기술적 특징에 대해 이해한다.	
5	현시점에서의 4차 산업혁명의 진행과정에 대해 개괄하고 이러한 진행과정에서 나타나게 되는 산업환경의 변화를 이해하고 더불어 4차 산업혁명론에 대한 회의론도 검토한다.	
6	4차 산업혁명과 외식산업의 관계를 이해하기 위한 전 단계로서 현재까지의 외식산업의 발전과정과 動因에 대해 이해한다.	
7	4차 산업혁명기에 예상되는 외식산업의 변화양태를 이해한다.	
8	4차 산업혁명기에 외식산업을 둘러싼 환경의 변화를 몇 가지 카테고리별로 살펴 '인구구조의 변화, 새로운 시장의 등장(디지털), 대체재 또는 보완재로서의 HMR의 등장, 기술의 발전' 등을 이해한다.	
9	======================= 중간시험 =======================	
10	4차 산업혁명이 국가별로 어떻게 이해되고 도입되는지 각국별 사례연구를 진행한다. 대한민국의 4차 산업혁명의 도입배경과 진행상황, 국가정책을 개괄한다.	

11	대한민국의 4차 산업혁명 기술이 외식산업 및 기업에 어떻게 적용되어 활용되고 있는지 실질적인 사례로 확인해 본다.
12	4차 산업혁명의 실천적 개념으로서 디지털 트랜스포메이션과 산업 인터넷 개념을 고안한 미국과 인더스트리얼 4.0을 내세운 독일의 산업 및 기업전략을 개괄하고 구체적인 외식산업에의 적용 현황을 살펴본다.
13	4차 산업혁명의 진행속도가 가장 빠르다고 인정되는 제조 2025의 중국과 세계 최대의 인구대국이면서 가장 앞선 IT인력을 보유하고 있는 인도의 4차 산업 국가전략과 외식산업에로의 적용현황 등을 살펴본다.
14	금융허브국가로 "가상 싱가포르"를 기치로 내세운 싱기포르와 전통적인 제조업 강국 일본의 4차 산업혁명의 현황과 외식산업의 발전방향에 대해 이해한다.
15	5차 산업혁명의 태동 배경을 이해하고 4차 산업혁명과의 차이점을 살펴보고 핵심기술의 특이성과 외식산업에서의 적용현황을 살펴본다.
16	======================= 기말고사 =======================

참고
문헌

단행본

- 4차 산업혁명 이미 와있는 미래, Roland Berger
- Klaus Schwab(2016), 『제4차 산업혁명』, 메가스터디BOOKS
- 로버트 J. 고든(2017), 『미국의 성장은 끝났는가?』, 생각의힘
- 전성철, 배보경, 전창록, 김성훈(2018), 『4차 산업혁명 시대 어떻게 일할 것인가』, 리더스북
- 제이슨 제닝스, 로렌스 호프론 공저(2001), 『큰 것이 작은 것을 잡아먹는 것이 아니라 빠른 것이 느린 것을 잡아 먹는다.』, 해냄
- 황지영(2020), 『리테일의 미래』, 인플루엔셜

논문

- A. I. A. Costa, M. Dekker, R. R. Beumer, F. M. Rombouts, W. M. F. Jongen(2001), A consumer-oriented classification system for home meal replacements, 『Food Quality and Preference』, 12(2001), p.230
- Council of Industrial Competitiveness of Japan.
- EESC(2018), Artificial intelligence and robotics: Inevitable and full of opportunities(www.eesc.europa.eu)
- Joel Mokyr(1988), The Second Industrial Revolution, 1870-1914, Northwestern University
- REBECA GARCIA AND JEAN ADRIAN(2009), Nicolas Appert: Inventor and Manufacturer, Food Reviews International, 25:115~125
- Richard J. S. Gutman, American Diner Then and Now(뉴욕: HarperCollins Publishers, 1993), Making San Francisco American: Cultural Frontiers in Urban West, 1846-1906
- Stephanie M. Noblea et al.(2022), The Fifth Industrial Revolution How Harmonious Human, Machine Collaboration is Triggering a Retail and Service Revolution, Journal of Retailing 98(2022): 199~208
- Thomas Campbell, ed.(1847), New Monthly Magazine, Volume 80, E. W. Allen, p.57
- 김동하(2017), 중국 5개년 경제개발 '계획'의 '규획'으로의 변화와 함의에 관한 연구, 2017, vol. 4, no. 1, 통권 6호: 109~142
- 김명희(2021), 싱가포르 스마트네이션의 분석과 함의, 스마트시티 이니셔티브의 실행적 수단을 중심으로
- 김상훈(2017), 4차 산업혁명과 주요 국가별 전략, 선진국 및 아세안(ASEAN) 일부 국가를 중심으로, 국제개발협력
- 김석관(2018), 산업혁명을 어떤 기준으로 판단할 것인가? 슈밥의 4차 산업혁명론에 대한 비판적 검토, 과학기술정책, 제1권 제1호: 113~141
- 김진성(2013), Y세대 종사원의 직무만족과 자아존중감에 대한 연구: 허즈버그의 동기·위생이론을 중심으로, 경

기대 박사학위논문

- 박주상(2021), 4차 산업혁명과 표준 추진 전략 비교 독일과 한국, 한국통신학회지(정보와 통신), 38(11), 2021.10: 23~31
- 변재웅(2021), 4차 산업혁명시대의 스마트팩토리 정책과 시사점 연구 독일과 미국 사례 중심으로, 문화산업연구 21(3), 2021.9: 143~150
- 서선희(2021), Heavy Dinner와 Heavy HMRer 소비자 간의 식품소비행태 분석, 농촌경제연구원 식품소비행태 발표대회
- 송성수(2016), 산업혁명의 역사적 전개와 4차 산업혁명론의 위상, 과학기술학 연구, 제17권
- 이병걸(2015), 가구특성변수가 외식소비 참여결정에 미치는 영향, 경기대학교 관광종합연구소
- 이승주(2018), 4차 산업혁명과 일본의 국가전략, 중앙대학교
- 이영무(2021), 인도의 IT산업 태동과 4차 산업 전략, 서울대학교 아시아연구소
- 이예원(2018), 바이오 기술 주도의 5차 산업혁명을 준비하는 일본의 전략, 과학기술정책연구원(원문출처: 経済産業省(2016), "バイオテクノロジーが生み出す新たな潮流", p.7)
- 이자연(2018), 신소비의 핵심 중국 무인 소매업의 특징과 시사점, KIET
- 장석인(2017), "제4차 산업혁명 시대의 산업구조 변화방향과 정책과제", 국토, 제424호, p.23
- 정아현 외(2021), 대체육 생산 기술(Production Technologies of Meat Analogue), 서울과학기술대학교 식품공학과
- 최현미(2019), 길거리 음식의 사회사 : 19세기 런던의 길거리 음식산업과 도시민의 식생활과 보건, 경북대
- 하리다(2021), "푸드테크 스타트업의 성공 요인 분석 : ERIS 모델을 중심으로", 과학기술정책연구원
- 한경수(2021), "코로나 19 감염 걱정 정도가 외식·배달·테이크아웃에 미치는 영향", 2021 식품 소비 행태 조사 결과발표대회

기관 발표자료

- [무역협회] 중국제조 2025 추진성과와 시사점
- 201804 스마트시티, 주인도대한민국대사관
- 4차 산업혁명 미래 일자리 전망, 고용정보원, 2017
- Aryu Networks(2020), WHAT WILL THE 5TH INDUSTRIAL REVOLUTION LOOK LIKE?
- Grovtech.com(2022), Olympus Tower Farm & HDN Superfeed Science, WHITE PAPER
- IBM 기업가치연구소 보고서(2011)

• KIET대외경제정책연구원 연구보고서

• KOTRA, 해외시장 뉴스

• United Nations Development Programme(2022), TOWARDS 2021/2022 HDR

• World Economic Forum(2019), What the Fifth Industrial Revolution is and why it matters

• World Economic Forum(2020), The Future of Jobs Report

• World Economic Forum, The Future of Jobs 2016, p.8

• World Economic Forum, The Future of Jobs Report 2020, p.30

• 농림축산식품부 보도자료, 2017.11.17

• 농림축산식품부 보도자료, 2019.08.02

• 농식품수출정보(2021), 글로벌 대체육 식품시장 현황 조사보고서

• 농촌경제연구원(2019), 식품산업의 푸드테크 적용 실태와 과제

• 대통령직속 산업혁명위원회(2017), 4차 산업혁명 대응계획

• 대한상공회의소, "MZ 세대가 바라보는 ESG 경영과 기업 인식 조사"

• 서울특별시 서울연구팀 주간브리프, vol. 404

기타 자료

• 2019 스프링 웨이크업 PA, "5차 산업혁명, 그로비브(Groviv)" www.youtube.com/watch?v=bTE2TEKL1Oc

• Avery Architectural & Fine Arts Library, Drawings & Archives Columbia University

• criteo(2021), Z세대 보고서

• Jean-Robert Pitte, "Birth and expansion of restaurants", in Jean-Louis Flandrin and Massimo Montanari, History of food, Fayard

• LG, CNS 블로그 IT insight

• SAMURAI INC.

• Smart Nation and Digital Government Office(2018), smart nation strategy(smartcity.go.kr)

• イオン

• 네이버포스트, 2019.02.12, 데일리라이프

• 제10회 아시아 미래 포럼 보도자료(2019), 한겨레신문사

• 철을 제련하는 작업자들(1875), Adolph Menzel, The Iron-Rolling Mill(Modern Cyclops)

웹사이트

- bouillonracine.fr
- CJ BIO 홈페이지
- CJ제일제당 테이스트엔리치 (TasteNrich®)
- en.qxfoodom.com/list-99-2.html
- Enciclopedia Libre
- LG이노텍 홈페이지
- LiVE LG
- McCrindle Research(2022)
- rubens.anu.edu.au
- SAMURAI INC.
- SK텔레콤 뉴스룸
- smartcitykitchens.com
- spcmagazine.com
- steemit.com/kr
- stellarfoodforthought.net
- Tindle / Next Gen
- Trading economics
- Wikimedia Commons
- www.800degrees.com
- www.biotimes.co.kr
- www.cao.go.jp
- www.cjbio.net
- www.cnet.com
- www.coe-iot.com/agritech
- www.creator.rest
- www.criteo.com
- www.digitalfoodlab.com
- www.digitalindia.gov.in
- www.epnc.co.kr
- www.etnews.com
- www.eyesmag.com
- www.generationalpha.com
- www.grovtech.com
- www.haidilao.com
- www.india-briefing.com
- www.npr.org
- www.piestro.com
- www.smartnation.gov.sg
- www.swiggy.com
- www.thescoop.co.kr/news
- www.worldometers.info
- www.zomato.com
- www.zume.com
- 경북바이오산업 연구원(http://gib.re.kr/major/major3)
- 과학기술정보통신부(www.msit.go.kr)
- 교육부(www.moe.go.kr)
- 국민일보
- 나무위키
- 네슬레 홈페이지
- 네이버포스트
- 농식품수출정보(www.kati.net/board)
- 농촌진흥청
- 대통령직속 4차 산업혁명위원회 홈페이지
- 대한민국 정책브리핑(www.korea.kr)
- 덱사이로보틱스(www.dexai.com/meet-alfred)
- 도미노피자
- 동원그룹
- 디지털데일리
- 라운지엑스 인스타그램
- 로보테크(www.robotech.co.kr)
- 롯데제과/뉴스
- 메이퇀 홈페이지
- 미스터캡
- 바이오타임즈(http://www.biotimes.co.kr)
- 배민로봇
- 브이디컴퍼니
- 비트코퍼레이션
- 삼성전자
- 식품외식경제(http://www.foodbank.co.kr)
- 아마존
- 아우디
- 우버
- 위챗페이(WeChat pay)
- 전자신문
- 조선일보
- 주인도 대한민국 대사관
- 중국산업정보, KOTRA 텐진 무역관
- 중앙일보
- 커피드메소드 인스타그램
- 컬리 홈페이지
- 테슬라
- 통계청
- 트위터
- 포항공대신문(http://times.postech.ac.kr)
- 표준국어대사전
- 한경닷컴
- 한국경제신문
- 한국맥도날드
- 한국사물진흥협회
- 한국산업기술시험원
- 한국외식산업경영연구원
- 한국일보
- 한국진흥정보사회진흥원 홈페이지 (www.itstudy.or.kr)
- 한국푸드테크협회

저자
소개

김진성

경기대학교 관광학 박사
SNIF1. 대표
서정대학교 겸임교수

이병걸

경기대학교 관광학 박사

저자와의
합의하에
인지첩부
생략

4차 산업혁명과 외식산업

2023년 1월 10일 초판 1쇄 인쇄
2023년 1월 15일 초판 1쇄 발행

지은이 김진성 · 이병걸
펴낸이 진욱상
펴낸곳 (주)백산출판사
교　정 성인숙
본문디자인 신화정
표지디자인 오정은

등　록 2017년 5월 29일 제406-2017-000058호
주　소 경기도 파주시 회동길 370(백산빌딩 3층)
전　화 02-914-1621(代)
팩　스 031-955-9911
이메일 edit@ibaeksan.kr
홈페이지 www.ibaeksan.kr

ISBN 979-11-6567-598-1 93590
값 29,000원